搭建太阳系

周　娜　姚建明　李雪颖　何振宇　编著

U0198158

清华大学出版社

北京

内 容 简 介

这是全国青少年活动中心系列教材天文学课程的第二册初级班用书,本书的内容都遵循知识导航、天文实验室(或天文手工坊)、词汇和概念以及天文小贴士的学习路径。

全书共有 14 节课程,学习内容都简单并具有系统性,课程中的实验和小制作也考虑要小朋友配合完成。天文知识导航、天文小制作、天文词汇和概念可以穿插进行。天文小贴士的内容所涉及的知识,并不都是来源于"正统"的天文学,比如,我们会讲外星人、黄道十二星座等。

此系列教材可以在小学、各级青少年活动中心、各种课外培训机构组织的天文学知识的学习中使用。有志向的小小天文学家们也可以按照本系列教材自学。

本书封面贴有清华大学出版社防伪标签,无标签者不得销售。

版权所有,侵权必究。举报:010-62782989,beiqinquan@tup.tsinghua.edu.cn。

图书在版编目(CIP)数据

搭建太阳系 / 周娜等编著.— 北京:清华大学出版社,2022.9
ISBN 978-7-302-60821-9

Ⅰ.①搭… Ⅱ.①周… Ⅲ.①天文学—青少年读物 Ⅳ.①P1-49

中国版本图书馆CIP数据核字(2022)第080047号

责任编辑:朱红莲
封面设计:傅瑞学
责任校对:王淑云
责任印制:宋 林

出版发行:清华大学出版社
      网 址:http://www.tup.com.cn, http://www.wqbook.com
      地 址:北京清华大学学研大厦A座 邮 编:100084
      社 总 机:010-83470000 邮 购:010-62786544
      投稿与读者服务:010-62776969, c-service@tup.tsinghua.edu.cn
      质量反馈:010-62772015, zhiliang@tup.tsinghua.edu.cn
印 装 者:小森印刷(北京)有限公司
经 销:全国新华书店
开 本:165mm × 240mm 印 张:6.25 字 数:108千字
版 次:2022年9月第1版 印 次:2022年9月第1次印刷
定 价:42.00元

产品编号:095272-01

前　言

　　学习天文学，可以在任何场合，可以在人生的任意年龄阶段。抬头看天，激人奋进，拓展我们的眼界。我们的祖先就是从天到地再到人，一步步地从原始人进化到社会人的。

　　我们在大学里开设过天文学的选修课，不论是理科生还是文科生都积极参与；我们在中学校园里举办天文学讲座，讲座结束了，同学们还在围着我们问问题；在小学里开设的课外天文学课程最多，从一年级到六年级，分年龄、分班级上课；似乎，任何阶段的学生，都喜爱天文学。

　　开设天文学课程最多的还是青少年活动中心，涉及全国所有的大中城市。从萌芽班、初级班、中级班到高级班，从来不缺少"生源"。我们还在图书馆、老年活动中心、市民大讲堂，甚至在公司的年会嘉年华上，开展天文知识的科普讲座，每次都是座无虚席，听众踊跃。最近几年，我们还录制了网络课程，准备更广泛地传播天文学的科普知识。

　　随着提高青少年综合素质的呼声越来越高，越来越多的政府部门、社会机构和学校、家长们开始重视青少年的课外学习，尤其是科普知识的学习。天文学作为一门基础学科，无论是知识性、趣味性，还是在开发智力、开拓孩子们的眼界方面，都是十分重要的。天文学涉及宇宙万物，关乎人类社会的各个方面，与数理化甚至人文的各个学科都有联系，天文学的作用不仅在眼前，更是关乎孩子们一生的追求和乐趣。

　　我们在课程开设的过程中，遇到的最大问题就是教材的选取。天文学是实用性很强的基础课，既有知识的系统性，又有很强的生活娱乐性。怎样把握课程的难易，怎样取舍浩如烟海的天文学内容，经过多年的实践，我们这里为全国的青少年，为全国准备开设天文学课程的机构做一些尝试。

　　我们编写的系列教材，分 4 个层次，可以按年龄分层，也可以按学生所具有的天文学知识基础分层。

　　萌芽班，最低可以从幼儿园大班的孩子开始，直到成年人。我们的要求是，只要你想开始学习天文学，对周围的世界、对宇宙、对天体感兴趣就可以。当然，

我们针对的是青少年，涉及成人的是以"亲子班"为主。学习的目的只有一个，就是激发学员对天文学的兴趣。课程和教材的内容，以动手的形式为主，可以做个小太阳、带光环的土星或者一个地球加月亮的地月系。间或，我们还会辅助有天象厅和野外认星的课程。

初级班，可以面向小学一、二年级的学生，课程和教材内容还是以动手制作为主。这里，我们就开始强调天文学知识的系统性，简明扼要地引入天文学知识，让喜爱天文学、想继续学习的学生，有一个学习的"索引"。当然，孩子们喜欢的天象厅和野外观星的课程还会继续，而且会逐步增多。

中级班，是一个承上启下的学习阶段，以小学生为主，他们还不具备系统性学习天文学的思维，所以，我们针对一些天文学的重点知识加以拓展。这里的重点知识是经过我们多年的教学实践发现的、学生们最感兴趣的天文学知识，比如，天文学和人类社会，看星星识方向，星座和四季星空，流星和流星雨，极光和彗星，恒星的一生，以及最吸引眼球的宇宙大爆炸、黑洞等。

到了高级班就会发现，他们都是一个个天文学的小天才了。这时候，就需要让他们系统地学习天文学知识了。如天文学研究的对象，学科分支，天文坐标系，回归年、朔望月、儒略日，恒星演化，银河系起源，包括航空航天、人类探索宇宙等。但是，我们还是定性地讲解天文学的知识，至于全面、深入地学习天文学，还是等他们读专业的天文系吧。经过高级班的学习，孩子们参加各个级别的天文科普竞赛，向小伙伴们传播天文学知识，应该是绰绰有余的。

从萌芽班到高级班的 4 册教材，每册都分为 14 节课程，按照一个学期 14 次课程设计。一年中，可开设春季班、暑期班、秋季班。学生们可以循序渐进地自动升级学习。使用我们的教材，可以一同采用我们使用多年的课件，方便教学。如果需要，我们还可以开展合作教学。

最近，我们增加了"暑期观星亲子班"的课程，大受学生和家长的欢迎。今后，我们还会开展更多形式的学习课程，比如，天文夏令营、流星雨观赏团、暑期的天文台学习游览活动等。

青少年是祖国的未来，天文学拓展了人类的知识体系，更能够开拓孩子们的眼界，扩大他们的知识面。更重要的是，天文学可以作为你一生的个人爱好，去欣赏! 去追求!

作者

2022 年春于富春江畔

目 录

第 1 课　　地球自转一天又一天　　　　　　　　　　　　　　　1

　　　　一、知识导航　　　　　　　　　　　　　　　　　　　1

　　　　二、天文实验室：白天和黑夜　　　　　　　　　　　　2

　　　　三、词汇和概念　　　　　　　　　　　　　　　　　　3

　　　　四、天文小贴士：地球自转速度的周期性变化　　　　　3

第 2 课　　地球公转一年又一年　　　　　　　　　　　　　　　5

　　　　一、知识导航　　　　　　　　　　　　　　　　　　　5

　　　　二、天文手工坊：地球公转模型　　　　　　　　　　　7

　　　　三、词汇和概念　　　　　　　　　　　　　　　　　　7

　　　　四、天文小贴士：二十四节气　　　　　　　　　　　　8

第 3 课　　遇见月亮上的兔子　　　　　　　　　　　　　　　10

　　　　一、知识导航　　　　　　　　　　　　　　　　　　10

　　　　二、天文实验室：月球环形山探秘　　　　　　　　　12

　　　　三、词汇和概念　　　　　　　　　　　　　　　　　13

　　　　四、天文小贴士：月球从何而来　　　　　　　　　　14

第 4 课　　多彩的太阳　　　　　　　　　　　　　　　　　　18

　　　　一、知识导航　　　　　　　　　　　　　　　　　　18

　　　　二、天文实验室：光的色散和太阳光　　　　　　　　19

　　　　三、词汇和概念　　　　　　　　　　　　　　　　　19

　　　　四、天文小贴士：恒星的亮度和视星等（星等）　　　20

第 5 课　　金木水火土　　　　　　　　　　　　　　　　　　22

　　　　一、知识导航　　　　　　　　　　　　　　　　　　22

　　　　二、天文实验室：绕日运行　　　　　　　　　　　　26

　　　　三、词汇和概念　　　　　　　　　　　　　　　　　27

　　　　四、天文小贴士：水星和金星凌日　　　　　　　　　27

第 6 课　小行星与小行星带　　　　　　　　　　29

　　一、知识导航　　　　　　　　　　29

　　二、天文手工坊：天文点心　　　　　　30

　　三、词汇和概念　　　　　　　　　　31

　　四、天文小贴士：玛雅人预言的地球灾难　　31

第 7 课　寻找北极星　　　　　　　　　　33

　　一、知识导航　　　　　　　　　　33

　　二、天文实验室：寻找北极星　　　　　33

　　三、词汇和概念　　　　　　　　　　36

　　四、天文小贴士：中国的天文研究机构　　36

第 8 课　春季大弧线和夏季大三角　　　　　44

　　一、知识导航　　　　　　　　　　44

　　二、天文实验室：在夏季夜空中寻找夏季大三角　　46

　　三、词汇和概念　　　　　　　　　　47

　　四、天文小贴士：乌鸦座的神话故事　　48

第 9 课　秋季大四方和冬季六边形　　　　　49

　　一、知识导航　　　　　　　　　　49

　　二、天文实验室：写出冬季六边形和冬季大三角的星名　　51

　　三、词汇和概念　　　　　　　　　　51

　　四、天文小贴士：天上的战场　　　　51

第 10 课　黄道 12 星座　　　　　　　　　55

　　一、知识导航　　　　　　　　　　55

　　二、天文实验室：你的星座　　　　　56

　　三、词汇和概念　　　　　　　　　　56

　　四、天文小贴士：黄道 12 宫的符号联想　　56

第 11 课　恒星的一生　　　　　　　　　　59

　　一、知识导航　　　　　　　　　　59

　　二、天文手工坊：恒星演化盘　　　　63

　　三、词汇和概念　　　　　　　　　　64

　　四、天文小贴士：事件视界望远镜　　64

第 12 课　星系　　　　　　　　　　　　　　　　　　66
　　一、知识导航　　　　　　　　　　　　　　　　66
　　二、天文手工坊：星系模型　　　　　　　　　　68
　　三、词汇和概念　　　　　　　　　　　　　　　70
　　四、天文小贴士：哈勃空间望远镜　　　　　　　70

第 13 课　膨胀着的宇宙　　　　　　　　　　　　　　73
　　一、知识导航　　　　　　　　　　　　　　　　73
　　二、天文实验室：膨胀着的宇宙　　　　　　　　74
　　三、词汇和概念　　　　　　　　　　　　　　　76
　　四、天文小贴士：哪里是宇宙的中心　　　　　　76

第 14 课　了不起的宇航员　　　　　　　　　　　　　77
　　一、知识导航　　　　　　　　　　　　　　　　77
　　二、天文手工坊：饮料瓶制作火箭太空船　　　　79
　　三、词汇和概念　　　　　　　　　　　　　　　80
　　四、天文小贴士：我国航天史上的动物"宇航员"　81

附录　全天 88 星座表　　　　　　　　　　　　　　　85

参考文献　　　　　　　　　　　　　　　　　　　　91

第1课　地球自转一天又一天

🪐 **一、知识导航**

很多同学可能都有一个梦想，就是像宇航员一样遨游太空，欣赏太空美景，去太空看地球！那么在太空不同角度看地球，地球是怎样转动的呢？

地球绕着地轴（一条虚构的穿过地球南北极的线）自西向东转动，这种运动叫自转。

1. 方向：自西向东。就像你家里的地球仪一样，围绕着倾斜的地轴转动；

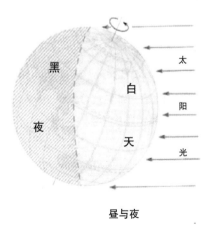

昼与夜

1

2. 周期：大约是 24 小时，就是 1440 分钟，即 86400 秒；

3. 地球是个不透明的球体，太阳只能照亮地球的一半表面，向着太阳的那面是白天，背着太阳的那面是黑夜；

4. 地球绕着地轴不停转动，昼夜现象就会交替出现，一天又一天周而复始。

🪐 二、天文实验室：白天和黑夜

1. 自己动手照出白天和黑夜

材料：手电筒、小地球仪。

步骤：

（1）用手电筒模拟太阳，转动地球仪模拟地球的自转。（注意转动的方向哦！）

（2）观察地球仪的明暗变化，指出哪些国家正处于白天，哪些国家正处于黑夜。

（3）用卡通贴纸标记出自己的家乡，一个同学转动地球仪，另一个同学说出它现在的时间。

思考：中国小朋友在课堂读书的时候，美国小朋友在干什么呢？

2. 地球自转模型

材料：打印纸、彩笔、剪刀、图钉、卡纸。

制作过程：

（1）在打印纸上画个"地球"和"太阳"，将"太阳"和"地球"填上活力满满的颜色！

（2）用剪刀将"地球"剪下，地球背面可以贴一张硬卡纸加固。

（3）然后用图钉穿过地球中心的黑点。（注意不要扎到手哦！）

（4）根据灰色地球轮廓的位置，固定地球。

我们的自转模型就完成啦，转一转，玩一玩吧！

思考：太阳给了地球什么？

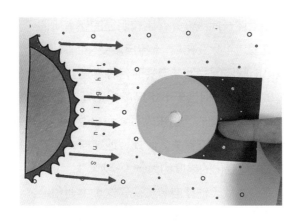

三、词汇和概念

自转　周期

四、天文小贴士：地球自转速度的周期性变化

　　天空中各种天体东升西落的现象都是地球自转的反映。

　　最早，人们是利用地球自转作为计量时间的基准。自20世纪原子钟出现之后，人们发现地球自转是不均匀的。有时候快、有时候慢；有些变化有规律、有原因；有些变化无规律、无原因，或者说我们还没有找到原因。目前，天文学家已经知道地球自转速度存在长期减慢、不规则变化和周期性变化的特点。

　　通过对月球、太阳和行星的观测资料和对古代月食、日食资料的分析，以及通过对古珊瑚化石的研究，可以了解地球刚刚形成时期地球自转的情况。在6亿多年前，地球上一年大约有424天，表明那时地球自转速率比现在快。在4亿年前，一年约有400天，2.8亿年前，一年约为390天。（假设地球自转是均匀变慢的，尝试推算一下：地球上有人类产生的时期，地球上一年的天数；再给出一个你喜欢的时间间隔，比如每一千年或是每一百年，地球上一年天数减少的情况；再推算一下，若干年之后，地球上一年的天数是多少？）

　　研究表明，每经过一百年，地球自转周期减慢近2毫秒（1毫秒＝千分之一秒），它主要是由于潮汐现象中，海水进退摩擦地壳造成的。除潮汐摩擦原因外，地球半径大小的改变、地球内部地核的固体内表面和地幔的液体表面之间的摩擦、地球表面物质分布随着风吹雨淋的改变等也会引起地球自转周期变化。

　　地球自转速度除上述长期减慢外，比较明显的还有所谓"十年尺度"变化和周期为 2～7 年的所谓"年际变化"。十年尺度变化的幅度可以达到约 ±3 毫秒，引起这种变化的最可能的原因是地球自转时各种物质自转速度的不同步。年际变化的幅度为 0.2～0.3 毫秒，相当于十年尺度变化幅度的 1/10。这种年际变化与厄尔尼诺（El Nino）事件期间的赤道东太平洋海水温度的异常变化具有相当的一致性，这可能与全球性大气环流有关。此外，地球自转的不规则变化还包括几天到数月周期的变化，这种变化的幅度约为 ±1 毫秒。

　　春天地球自转变慢，秋天地球自转加快，这个主要和地球上风的季节性变化有关。半年变化主要是由太阳潮汐作用引起的。月周期和半月周期变化是由月亮潮汐力引起的。地球自转周日和半周日变化主要是由月亮的周日、半周日潮汐作用引起的。

　　想想看，一天之中大海有几次涨潮落潮？

一、知识导航

地球按一定的轨道围绕太阳逆时针转动，叫做绕太阳公转。

公转的方向是自西向东，和其他的 7 个大行星一样。

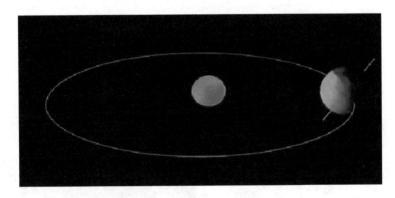

地球绕太阳公转一周所需要的时间就是地球公转周期，笼统地说，地球公转周期是"一年"（约 365 天）。天文学术语称为：一个回归年。

地球公转的轨道并不是一个真正的圆，而是一个椭圆。太阳并不在地球公转轨道的正中心位置。

随着地球的绕日公转，日地之间的距离不断在发生变化，因此就有一个近日点和一个远日点。地球公转的速度不一样。在近日点地球公转速度较快，在远日点较慢。

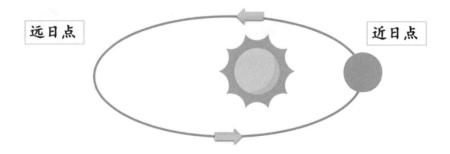

远日点　　　　　近日点

地球的自转轴是倾斜的，所以地球上不同位置受到的太阳辐射量不同。地球的绕日公转运动，导致太阳直射点的变化，于是形成了春、夏、秋、冬四季的交替。

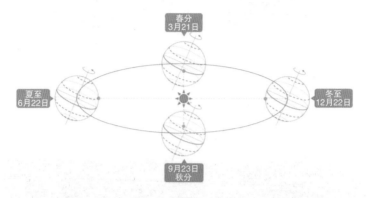

图中节气的日期，并不一定准确，可能会有一两天的偏差。

说一说：你最喜欢哪一个季节？

对于北半球来说，当太阳经过春分点和秋分点时，就意味着已是春季或是秋季了。太阳通过春分点到达最北的那一点称为夏至点（白天最长），与之相差 180 度的另一点称为冬至点（夜晚最长），太阳于每年的 6 月 22 日前后和 12 月 22 日前后通过夏至点和冬至点。同样，对于北半球，当太阳在夏至点和冬至点附近，从天文学意义上，已进入夏季和冬季时节。南半球则正好相反。

二、天文手工坊：地球公转模型

材料：打印纸、彩笔、剪刀、图钉、硬卡纸、扭扭棒。

步骤：

1. 在打印纸上分别画个"地球"和"太阳"，将"太阳"和"地球"涂上它们该有的颜色。

2. 将"地球"和连接条剪下。

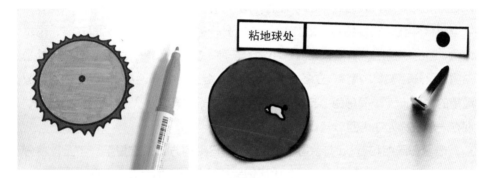

3. 连接条可以贴一张硬卡纸加固，找到粘贴双面胶的位置，将地球粘上。

4. 用图钉穿过连接条另一边的黑点区域。（注意不要扎到手哦！）

5. 将地球和太阳连接起来，我们的模型就完成啦！

结合模型，你能说一说地球公转运动的特点吗？

三、词汇和概念

公转　四季交替

四、天文小贴士：二十四节气

在古代中国，为了配合农作物种植的需要，逐渐产生了二十四节气。最早出现的是冬至和夏至，因为它们的日常影像最为明显：冬至影子最长；夏至影子最短。随后，根据农业生产和日常生活的需要，结合天象、物候和动物的表现完整地给出了二十四节气。

从天文学来讲，二十四节气是根据地球绕太阳运行的轨道（黄道）360度，以春分点为0点，分为二十四等分点，两等分点相隔15度，每个等分点有专名，含有气候变化、物候特点、农作物生长情况等意义。二十四节气即立春、雨水、惊蛰、春分、清明、谷雨、立夏、小满、芒种、夏至、小暑、大暑、立秋、处暑、白露、秋分、寒露、霜降、立冬、小雪、大雪、冬至、小寒、大寒。以上依次顺数，逢单的为"节气"，简称为"节"，逢双的为"中气"，简称为"气"，合称为"节气"。现在一般统称为二十四节气。

最早在周朝和春秋时代是用"土圭"测日影的方法来定夏至、冬至、春分、秋分。秦朝《吕氏春秋·十二纪》中所记载的节气已增加为8个，即立春、春分、立夏、夏至、立秋、秋分、立冬、冬至等。还有一些记载是有关惊蛰、雨水、小暑、白露、霜降等节气的萌芽。一月"蛰虫始振"，二月"始雨水"，五月"小暑至"，七月"白露降"，九月"霜始降"。到了汉朝《淮南子·天文训》中已有完整二十四节气记载，与今天的完全一样。

立春：立是开始的意思，立春就是春季的开始。

雨水：降雨开始，雨量渐增。

惊蛰：蛰是藏的意思。惊蛰是指春雷乍动，惊醒了蛰伏在土中冬眠的动物。

春分：分是平分的意思。春分表示昼夜平分。

清明：天气晴朗，草木繁茂。

谷雨：雨生百谷。雨量充足而及时，谷类作物能茁壮成长。

立夏：夏季的开始。

小满：麦类等夏熟作物籽粒开始饱满。

芒种：麦类等有芒作物成熟。

夏至：炎热的夏天来临。

小暑：暑是炎热的意思。小暑就是气候开始炎热。

大暑：一年中最热的时候。

立秋：秋季的开始。

处暑：处是终止、躲藏的意思。处暑是表示炎热的暑天结束。

白露：天气转凉，露凝而白。

秋分：昼夜平分。

寒露：露水已寒，将要结冰。

霜降：天气渐冷，开始有霜。

立冬：冬季的开始。

小雪：开始下雪。

大雪：降雪量增多，地面可能积雪。

冬至：寒冷的冬天来临。

小寒：气候开始寒冷。

大寒：一年中最冷的时候。

我国民间有一首歌诀：

春雨惊春清谷天，夏满芒夏暑相连。

秋处露秋寒霜降，冬雪雪冬小大寒。

第3课　遇见月亮上的兔子

一、知识导航

广寒宫中，嫦娥枯坐，玉兔捣药，这是古老神话中的月球。撞击坑、环形山，坑坑洼洼，这是现代影像图中的月球。但月球是怎么来的，有什么作用，是长久以来都没有答案的谜题。

直到1609年，伽利略用望远镜对准了月球，看到了令他大吃一惊的现象。伽利略透过望远镜发现，月亮和我们生存的地球一样，有高峻的山脉，也有低凹的洼地（当时伽利略称它是"海"）。

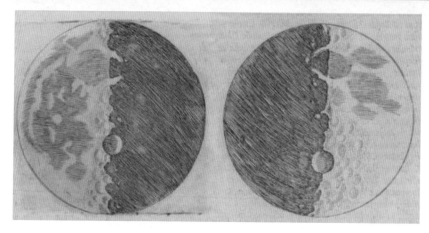

伽利略手绘图

　　月面上山岭起伏，峰峦密布。月球上的陨击坑通常又称为环形山，它是月面上最明显的特征。环形山的形成可能有两个原因：一是陨星撞击，二是火山活动。

　　月球表面陨击坑的直径大的有近百千米，小的不过 10 厘米，直径大于 1 千米的环形山总数多达 33 000 个，占月球表面积的 7% ～ 10%，最大的月球坑直径为 235 千米，在月球的背面。月球背向地球的一面，布满了密集的环形山，月海所占面积较小。

　　月球上大型环形山多以古代和近代天文学者的名字命名，如哥白尼、开普勒、埃拉托塞尼（Eratosthenes）、托勒密、第谷等。

搭建太阳系

传说中第一个使用火箭的人——万户

二、天文实验室：月球环形山探秘

材料： 学习活动单、沙子、护目镜、乒乓球、泡沫球、玻璃弹珠、高尔夫球、扇子、白卡纸、牙签、双面胶、彩笔、尺子等。

步骤：

1. 猜测：月球不同环形山的形成可能与 ＿＿＿＿＿＿＿＿＿＿ 有关。

2. 制订计划，选择需要改变的条件。

3. 选择相应材料，完成模拟实验。

4. 观察、记录，完成记录单。

研究的问题	月球不同环形山的形成可能与 ＿＿＿＿＿＿＿＿＿＿ 有关			
改变的条件（选一个，打"√"）	陨石的大小	陨石的质量	是否受到太阳风的侵蚀	是否受到新陨石的撞击
实验材料（选择需要的材料，打"√"）	泡沫球	玻璃球	高尔夫球	乒乓球　象棋子　扇子

实验记录			
	第一次	第二次	第三次
陨石坑的形状（可用图表示）			
陨石坑的尺寸 / 厘米	长＿＿、宽＿＿、深＿＿	长＿＿、宽＿＿、深＿＿	长＿＿、宽＿＿、深＿＿
【现象】我们观察到			
【结论】	我们认为：月球不同环形山的形成可能与 ＿＿＿＿＿＿＿＿＿＿ 有关		

三、词汇和概念

环形山　撞击

搭建太阳系

四、天文小贴士：月球从何而来

1959 年 9 月，苏联科学家利用无人驾驶的火箭，飞过月球的背面，对它进行拍照，使人们了解了月球的全貌。

1969 年 7 月 20 日，美国成功发射阿波罗 11 号月球探测器，宇航员阿姆斯特朗第一个踏上月球，人类首次登月成功。

1972 年 12 月，"阿波罗 17 号"的两名宇航员乘登月舱登上月球，并进行了 10 多项科学实验。

中国探月工程规划为"绕、落、回"三期。

探月工程一期的任务是实现环绕月球探测。"嫦娥一号"卫星于 2007 年 10 月 24 日发射，在轨有效探测 16 个月，2009 年 3 月成功受控撞月，实现中国自主研制的卫星进入月球轨道并获得全月图。

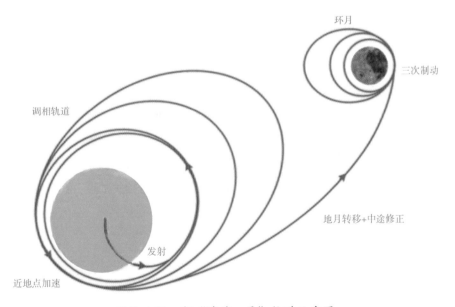

探月工程一期"嫦娥一号"轨道示意图

探月工程二期的任务是实现月面软着陆和自动巡视勘察。"嫦娥二号"于2010年10月1日发射，作为先导星，为二期工作进行了多项技术验证，并开展了多项拓展试验。"嫦娥三号"探测器于2013年12月2日发射，12月14日实现落月，开展了月面巡视勘察，获得了大量工程和科学数据。"嫦娥三号"着陆器目前仍在工作，成为月球表面工作时间最长的人造航天器。

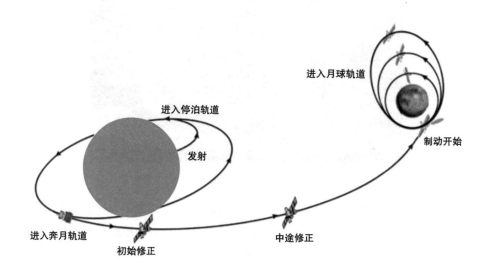

探月工程二期"嫦娥二号"轨道示意图

探月工程三期的任务是实现无人采样返回。2014年10月24日，我国实施了探月工程三期再入返回飞行试验任务，验证返回器接近第二宇宙速度再入返回地球相关关键技术。11月1日，飞行器服务舱与返回器分离，返回器顺利着陆预定区域，试验任务取得圆满成功。随后服务舱继续开展拓展试验，先后完成了远地点54万千米、近地点600千米大椭圆轨道拓展试验、环绕地月L2点（力学拉格朗日点）探测、返回月球轨道进行"嫦娥五号"任务相关试验。服务舱后续还将继续开展拓展试验任务。

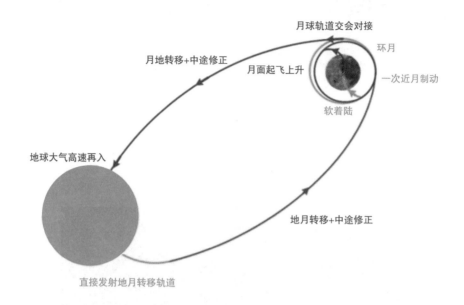

探月工程三期"嫦娥五号"轨道示意图

海南文昌发射场

第 4 课　多彩的太阳

 一、知识导航

每天早上，我们看到东升的太阳。炫目的阳光照进窗台，那是一天的开始。那太阳光是什么颜色的呢？

雨后天边出现的彩虹是七色的，包括红、橙、黄、绿、青、蓝、紫，十分美丽。彩虹的颜色就是组成太阳光的颜色。彩虹的出现，是太阳光被折射和散射的结果。

阳光经过三棱镜折射，就变成美丽的七种颜色，这说明阳光是由七种颜色的光混合而成的。我们眼睛能看见的光称为"可见光"。当所有这些可见光一起出现时，太阳光看上去就是白色的，称为"白光"。

可见光	中心波长/纳米
红	660
橙	610
黄	570
绿	550
青	460
蓝	440
紫	410

当太阳光穿过大气层时，蓝色光更容易与空气分子发生散射。这是我们看到天空是蓝色的原因。当太阳距离地平线很近时，阳光要穿过更厚的大气层，蓝光散射得更厉害，太阳看上去就变得更红了。

二、天文实验室：光的色散和太阳光

材料: 白色球形橡皮泥（黏土）、白色热熔胶胶棒、胶带、纸盘、LED 手电筒。

步骤:

1. 用胶带将橡皮泥固定在纸盘中心，将胶棒分成长短不同的两段。

2. 把短胶棒粘在橡皮泥上方 1 厘米处，把长胶棒粘在橡皮泥右侧 1 厘米处。

3. 将手电筒正对短胶棒的末端，放平，照亮橡皮泥。观察光线穿过短胶棒后会变成什么样。

4. 将手电筒正对长胶棒的末端，放平，照亮橡皮泥。观察光线穿过长胶棒后会变成什么样。

思考: 穿过长胶棒和短胶棒的光线颜色一样吗？

三、词汇和概念

可见光　空气色散

🛸 四、天文小贴士：恒星的亮度和视星等（星等）

恒星，包括我们的太阳，在天上闪耀，是因为它们自身会发光。这些光被我们的眼睛接收，这是我们能看见太阳、星星的原因。一些太阳光被行星、卫星反射后到达我们的眼睛里，使得我们能看见行星、卫星。

恒星和行星的一个重要的区别：恒星自身发光，行星反射光线。

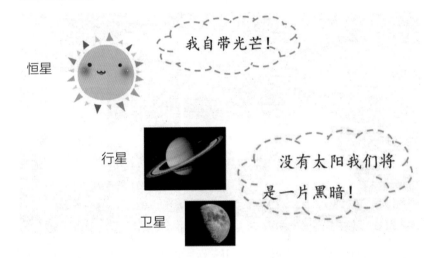

恒星的亮度通常以视星等（星等）表示。古希腊天文学家喜帕恰斯将天上的恒星依据肉眼所见之亮暗程度，将星等定为 1 等星到 6 等星，1 等星最亮，6 等星则是肉眼可见最暗弱的星。19 世纪英国天文学家经过仪器测量，发现 1 等星的亮度是 6 等星的 100 倍，因此就规定星等每差 1 等，亮度比约为 2.5 倍；星等差 5 等，亮度比约为 100 倍。这样，星等大小与亮度关系数值化以后，星等数值不见得都是整数，也可以是零或负数。

星球的亮度也称为照度，值得注意的是，这并非星球真正的发光能力。比如太阳的视星等为 −26.8 等，比夜晚最亮的恒星（天狼星，−1.5 等）还亮 100 亿倍，但是如果我们将所有的恒星都放到与地球等距离的位置来比较，就发现太阳并不是一颗发光很强的恒星。

恒星的亮度和它的命名有密切关系，亮星多半有自己的名字，例如牛郎星与织女星。目前使用的命名方法是以（星座名 + 亮度排序）来表示，同一星座内的恒星亮暗排序以希腊字母命名，依序为 α、β、γ、δ、ε、ζ……，例如天琴座 α 星（织女星）就是天琴座中最亮的星。整个天空中肉眼能见到的恒星有 6000 多颗。

肉眼可见的星分为 6 等。其中 1 等星 20 颗，2 等星 46 颗，3 等星 134 颗，4 等星共 458 颗，5 等星有 1476 颗，6 等星共 4840 颗，共计 6974 颗。

恒星的亮度不能表达它的发光本领。我们用恒星的光度（luminosity）和绝对星等（绝对亮度）描述恒星的发光能力（本领）。每秒由恒星表面所辐射出的总能量叫作恒星的光度，简称光度。有时又称发光强度、发光能力或发光本领，计量单位是瓦，所以计算恒星的光度，可将恒星看成超级大的灯泡。

天文学上规定所有恒星放在距离地球 10 秒差距（也就是 32.6 光年）上来比较，这时所见星等称为绝对星等，绝对星等可比较和量度恒星的真正"发光能力"。太阳的绝对星等大约是 5 等。

第5课　金木水火土

🪐 **一、知识导航**

金、木、水、火、土星是人类最早发现的大行星，金、木、水、火、土的称呼是中国古人对照阴阳五行而来的。最早的叫法：水星是辰星；金星是启明或长庚；火星是荧惑；木星是岁星；土星是镇星。

水星是太阳系中最靠近太阳的行星，它与太阳的角距离最大不超过28度，最亮时目视星等达 −1.9 等，是太阳系中运动最快的行星，平均速度为47.89千米每秒，至今尚未发现有卫星。

角宿一

水星

水星的体积在太阳系大行星中是最小的，它的直径比地球小40%，比月球大40%。水星甚至比木星的卫星 Ganymede（木卫三）和土星的卫星 Titan（土卫六）还小。

水星绕太阳一周只需87.969个地球日，而它自转一周为58.6462个地球日。由于它的公转与自转之间的关系较为复杂，如果按从太阳升起到太阳再次升起为一天来计算，水星上的一天是176个地球日。它的平均地表温度为179摄氏度，最高为427摄氏度，最低为 −173 摄氏度。

金星是距太阳第二近的行星。它是天空中最亮的星，亮度最大时为 −4.4 等，比著名的天狼星还亮 14 倍。金星是地内行星，故有时为晨星，有时为昏星。至今尚未发现金星有卫星。

由于金星和地球在大小、质量和密度上非常相似，而且金星和地球几乎都由同一星云同时形成，所以，称它们为"姐妹星"。

由于金星分别在早晨和黄昏出现在天空，古代的占星家们一直认为存在着两颗这样的行星，于是分别将它们称为"晨星"和"昏星"。中国史书上则称晨星为"启明"，昏星为"长庚"。中国古代称金星为太白或太白金星，英语中，金星称作"维纳斯"（Venus），是古罗马的爱情与美丽之神。它一直被卷曲的云层笼罩在神秘的面纱中。

金星上没有海洋，它被厚厚的主要成分为二氧化碳的大气所包围，一点儿水也没有。它的云层是由硫酸微滴组成的。在其表面，大气压相当于在地球海平面上的 92 倍。

由于金星厚厚的二氧化碳大气层造成的"温室效应"，金星地表的温度高达482 摄氏度左右。阳光透过大气将金星表面烤热，地表的热量在向外辐射的过程中受到大气的阻隔，无法散发到外层空间，这使得金星比水星还要热。金星上的一天相当于地球上的 243 天，比它相当于地球 225 天的一年还要长。金星是自东向西自转的，这意味着在金星上，太阳是西升东落的，也就是："太阳从西边出来！"

搭建太阳系

火星按离太阳由近及远的次序为第四颗行星，它的体积在太阳系中居第七位。由于火星上的岩石、砂土和天空是红色或粉红色的，因此这颗行星又常被称作"红色的星球"。随着它与地球的距离不断变化，它的亮度也不断变化：最暗时的视星等约为 +1.5 等；最亮时则达到 −2.9 等，比天狼星还亮得多。

火星在众恒星间的视位置也不断变化，时而顺行，时而逆行。火星比地球小，赤道半径为地球的 53%，体积为地球的 15%，质量为地球的 10.8%，大气也比地球上稀薄。

火星的南半球是类似月球的布满陨石坑的古老高原，而北半球大多由年轻的平原组成。火星上高 24 千米的"奥林匹斯"山是太阳系中最高的山脉。在距火星大约几万千米的地方，有两颗非常小的星体，它们是火星的卫星，即火卫一和火卫二。

中国古代称火星为"荧惑"，而在西方古罗马的神话中，把它形象地比喻为身披盔甲浑身是血的战神"玛尔斯"。玛尔斯在希腊神话中的名字叫阿瑞斯（Ares）。

木星按距太阳由近及远的次序为第五颗行星，并且是太阳系八大行星中最大的一颗。赤道半径为 71400 千米，为地球的 11.2 倍；体积是地球的 1316 倍；质量是地球的 300 多倍，是所有其他行星总质量的 2.5 倍。

木星平均密度相当低，只有 1.33 克每立方厘米。木星是太阳系中卫星数目较多的一颗行星，最新的数据是拥有 79 个卫星，其中的 4 个（木卫四、木卫二、木卫三和木卫一）早在 1610 年就被伽利略发现了。

　　1979 年，"旅行者"一号发现木星也有环，但非常昏暗，在地球上几乎看不到。木星的纬线上的彩色条纹，形成的"大红斑"是一个复杂的按顺时针方向运动的风暴，其外缘每 4 至 6 天旋转一圈。木星大气层的平均温度为 –121 摄氏度。

　　在木星的两极，发现了与地球上十分相似的极光，这似乎与沿木卫一螺旋形的磁力线进入木星大气的物质有关。在木星的云层上端，也发现有与地球上类似的高空闪电。

　　木星在中国古代用来定岁纪年，由此把它叫作"岁星"，而西方天文学家称木星为"朱庇特"，即罗马神话中的"众神之王"，相当于希腊神话众星之中的王者宙斯。

　　土星按距离太阳由近及远的次序为第六颗行星，有美丽的光环，是最美的天体之一。土星的反照率是 0.42，视星等随光环张开程度有 3 个星等的变化，赤道区最亮，呈米色，有时几乎是白色，极区稍暗，色近微绿，云带略呈橙色。

土星表面温度为 –140 摄氏度，平均密度只有 0.70 克每立方厘米，是八大行星中密度最小的，是太阳系唯一比水轻的行星。

土星在冲日时的视星等达 –0.4 等，亮度堪比天空中最亮的恒星。土星是太阳系中卫星数目较多的一颗行星，最新的数据显示共有 82 颗。超过了木星。

中国古代称土星为填星或镇星，而罗马神话中称之为第二代天神克洛诺斯（Cronus），它是在推翻父亲之后登上天神宝座的 [另一说法：在古代西方，人们用罗马农神萨图努斯（Satunusi）的名字为土星命名]。

二、天文实验室：绕日运行

材料：一根长细线、卷尺、钩码、秒表、护目镜、A4 纸、记号笔、剪刀。

步骤：

1. 设计表格，明确要记录的数据。

探究轨道半径与公转周期的关系

距离 / 厘米	公转周期 / 秒			
	测试 1	测试 2	测试 3	平均值
20				
40				
60				

2. 建立行星绕太阳公转的模型。用细绳将钩码系好，确定绳结是否牢固。

3. 利用记号笔和卷尺，在绳子距离钩码 20 厘米、40 厘米、60 厘米处做好标记。

4. 手捏在绳子的 20 厘米处，将模型举过头顶让绳子一头的钩码在头顶上作圆周运动，然后加速到某一速度时使其保持稳定的匀速圆周运动。

5.小组搭档记下钩码公转 10 周所用的时间，然后除以 10 得到公转 1 周的时间，记录在表格内。

注意！要站在离其他同学远一些的地方进行实验，避免打到其他同学或物体，还要注意不让细绳脱手！

三、词汇和概念

周期　环绕

四、天文小贴士：水星和金星凌日

水星、金星从地球与太阳之间经过时，人们会看到一个小黑点从日面移过，这就是水星、金星凌日。

其实水星、金星凌日，就像日月食，也是一种交食现象，只是由于水星、金星的视圆面远小于太阳的视圆面，才使得它表现为在日面上出现一个缓慢移动的小黑点。水星、金星有凌日现象，但是火星、木星、土星、天王星、海王星则没有凌日现象。这是因为水星和金星是在地球的公转轨道内侧环绕太阳公转（这样的行星叫地内行星），它们有机会从太阳和地球之间通过，这是产生行星凌日的必需条件。而其他大行星都是在地球公转轨道的外侧环绕太阳公转（这样的行星叫地外行星），它们也会和太阳、地球形成一条直线排列，只是太阳是在地球与其他行星中间。这种现象叫作"行星冲日"。

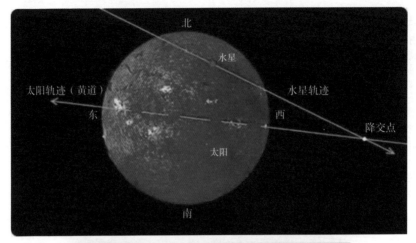

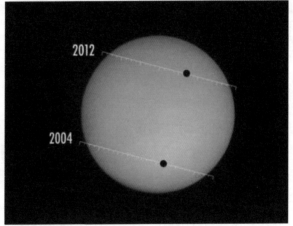

第 6 课 小行星与小行星带

一、知识导航

在太阳系中，除了八大行星以外，还有两条充满着绕太阳公转的小天体的"小行星带"。

在红色的火星和巨大的木星轨道之间，有成千上万颗肉眼看不见的小天体，沿着椭圆轨道不停地围绕太阳公转。与八大行星相比，它们好像是微不足道的碎石头。这些小天体就是太阳系中的小行星。

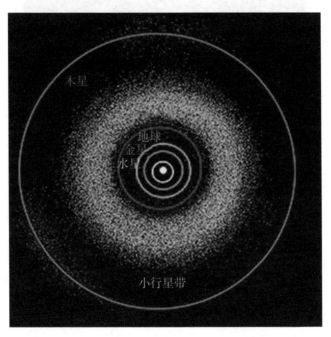

大多数小行星的体积都很小，是些形状不规则的石块。最早发现的"谷神星""智神星""婚神星""灶神星"是小行星中最大的四颗。其中"谷神星"直径约为 1000 千米，位居老大，老四"婚神星"直径约 200 千米。除去这"四大金刚"外，其余的小行星就更小了，最小的直径还不足 1 千米。

自从 1801 年发现第一颗小行星，到 20 世纪 90 年代末，已登记在册和编

了号的小行星超过 8000 颗。截至 2020 年底共发现小行星约 130 万颗。它们中的绝大多数分布在火星和木星轨道之间以及柯伊伯小行星带，前者与太阳的距离为 2.06 ~ 3.65 个天文单位，这部分区域被称为火木小行星带，后者距离太阳 40 ~ 50 个天文单位，被称为柯伊伯小行星带。

火木小行星带的形成，是因为这个区域里的"星子"太靠近庞大的木星，致使它们无法相互吸引"团聚"形成大行星。

1951 年，天文学家柯伊伯首先提出在海王星轨道外存在一个小行星带，天文学界就以柯伊伯的名字命名此小行星带，其中的星体被称为 KBO（Kuiper Belt Objects）天体。1992 年，人类发现了第一个 KBO 天体；至今，发现 KBO 地带有大约 10 万颗直径超过 100 千米的星体。

🪐 二、天文手工坊：天文点心

用各种各样的面团做一些行星饼干。把面团染成不同的颜色，每种颜色代表一颗行星，然后捏成球形，在里面填一些馅料作为行星的核心，比如巧克力或者糖果。最后，请大人一起帮忙烘干。

三、词汇和概念

柯伊伯带　星子

四、天文小贴士：玛雅人预言的地球灾难

[神秘预言 1] 世界末日

美国考古天文学家安东尼·阿维尼（Anthony Avini）是一名玛雅文化研究专家。他表示，"在玛雅历法中，1872000 天算是一个轮回，即 5125.37 年。"玛雅人的"长历法"把最初的计算时间一直追溯到玛雅文化的起源时间，即公元前 3114 年 8 月 11 日。根据"长历法"，到 2012 年冬至时，就意味着当前时代的时间结束，长历法重新从"零天"计算，又开始一个新的轮回。阿维尼认为，"这仅仅是一个重新计时的思想，与我们每年元旦或周一早上重新开始一年或一周生活完全一样。"类似我们的"天干""地支"。

[神秘预言 2] 两极倒转

某些关于世界末日的预言声称，到 2012 年，地球将会两极倒转，地球外壳和表面将会突然分离，地心内部的岩浆将会喷涌而出。美国地质学家亚当姆·马尔卢夫（Adam Mar Ruf）认为，岩石中的某些磁性迹象表明，地球可能发生过这样剧烈的磁场变化，但是这一过程是一个持续数百万年的缓慢过程，如此缓慢以至于人类根本感觉不到这种变化。据研究考证地球自起源以来已经发生过至少 6 次南北磁极的倒转。

[神秘预言 3] 两天体重叠

根据"天体重叠"的预言，太阳在天空中的线路将会穿过银河系的最中央。许多人担心这种天体错位将会让地球处于更为强大的未知宇宙力量的牵引之下，会加速地球的毁灭。美国国家航空航天局资深科学家大卫·莫里森（David Morrison）曾坚决否认了这种说法。他解释说，"2012 年绝对不会出现这种可怕的'天体重叠'现象。"20 世纪末的 1999 年，也曾经有人预测了太阳系天体的"十字架"排列会造成宇宙灾难，从而使人类无法进入 21 世纪的预言。

[神秘预言 4] 行星撞地球

有些人预测，一颗神秘的 X 行星正在向地球的方向飞来。据说，如果行星正面撞上地球，地球将会因此而消失。即使两者只是轻轻擦过，也会造成地球引力的变化，从而引起大量小行星撞击地球。莫里森对此坚决否认："本来就没有这个天体存在。"目前世界上最大的天文观测网络——VLBI 系统和其他巡天观测体系，正在昼夜不间断地监测着 10 万颗与地球轨道交叉或接近的小天体。所以，X 行星的存在毫无根据，即使有小天体意外地接近地球，我们现在完全有能力制止它与地球相撞。

[神秘预言 5] 太阳风暴

太阳耀斑是有规律可循的，其爆发周期大约为 11 年。剧烈的太阳耀斑可能会破坏地球上的通信设施以及其他一些地面事物，但是科学家们从来没有说过太阳会释放出强大到足以烤焦整个地球的太阳风暴，至少是短期内不会出现这种现象。太阳的年龄已经超过 50 亿年了，太阳早期演化阶段的剧烈变化都没有"摧毁"地球，而目前太阳基本上处于"中年阶段"的稳定期，所以大的太阳爆发"摧毁"地球的事件更是不会发生的。

第 7 课　寻找北极星

 一、知识导航

抬头仰望浩瀚的星空，是人类延续了数千年的习惯。我们的祖先曾长期观察恒星的排列方式，并努力进行解释，最终把繁星点点相连，并将它们想象成为各种各样的动物、人物和人们能想象到的任何图案，编出动人的故事并代代相传。

在晴朗的夜空中，能用肉眼观测到的恒星多达 3000 颗。想要去欣赏头顶这片璀璨夺目的夜空，你并不需要记住每一颗星星，只需要能认出一些容易识别的星座图案，遵循一些寻星路径，就可以轻松地在星空里漫步。而漫步的起始点，就是寻找北极星。

二、天文实验室：寻找北极星

如果你住在北半球，在晴朗的夜晚朝着正北方向看去，就能够看到由 7 颗明亮的恒星组成的北斗七星。

找一找，你能看到像勺子一样的北斗七星吗？
找到北斗七星后向外延伸，就能观测到整个大熊座。

　　连接北斗七星中的两颗指极星形成一条直线，顺着这条线就可以轻而易举地
找到北极星。通过北极星可以观测到整个小熊座。

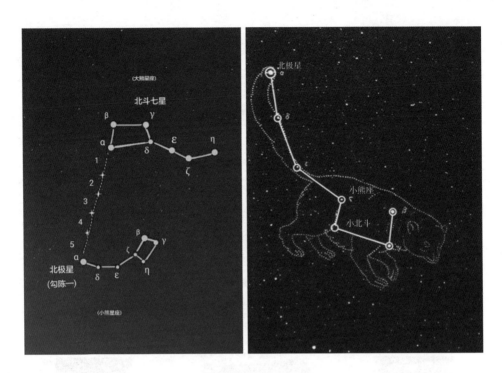

天文小游戏

找一找，画出你找到的北斗七星和北极星！

三、词汇和概念

北斗七星　北极星

四、天文小贴士：中国的天文研究机构

1. 中国科学院紫金山天文台

地址：南京市栖霞区元化路 8 号（南大科学园内）。

建成于 1934 年的紫金山天文台是我国自己建立的第一个现代天文学研究机构，其前身是成立于 1928 年的国立中央研究院天文研究所。它坐落于南京市东郊风景如画的紫金山第三峰上。紫金山天文台的建成标志着我国现代天文学研究的开始。中国现代天文学的许多分支学科和天文台站大多从这里诞生、组建和拓展。由于紫金山天文台在中国天文事业建立与发展中做出的特殊贡献，被誉为"中国现代天文学的摇篮"。

紫金山天文台有射电天文、空间目标与碎片观测、暗物质与空间天文、行星科学 4 个中国科学院重点实验室，还有中国科学院空间目标与碎片观测研究中心、中国科学院南极天文中心。

紫金山天文台是我国开展天文科学普及的重点单位、全国科普教育基地、全国重点文物保护单位。它以总部及观测站为依托，分别在南京紫金山天文台科研科普园区、青岛观象台、盱眙铁山寺风景区、青海省德令哈市、云南省姚安县等地建设了 5 个重点天文科普基地，面向社会公众开展天文科普宣传教育。每年共接待青少年和社会公众约 20 万人次。南京紫金山科研科普园区入选"首批中国 20 世纪建筑遗产"和"中国首批十大科技旅游基地"。

紫金山天文台是中国天文学会的挂靠单位，承办《天文学报》（双月刊）和英文刊《Chinese Astronomy and Astrophysics》。

2. 中国科学院国家天文台

地址：北京市朝阳区大屯路甲 20 号。

中国科学院国家天文台成立于 2001 年（国家天文台的前身北京天文台成立于 1958 年），由中国科学院天文领域原四台三站一中心撤并整合而成。

国家天文台包括总部及 4 个直属单位，分别是：中国科学院国家天文台云南天文台、中国科学院国家天文台南京天文光学技术研究所、中国科学院国家天文台乌鲁木齐天文站和中国科学院国家天文台长春人造卫星观测站。紫金山天文台、上海天文台继续保留院直属事业单位的法人资格，为国家天文台的组成单位。

　　国家天文台为国家航天局空间碎片监测与应用中心、中国科学院天文大科学研究中心、中国科学院南美天文研究中心的依托单位，中国科学院空间科学研究院的组建单位，以及中国科学院大学天文与空间科学学院的主要承办单位。

　　国家天文台建有光学天文、太阳活动、月球与深空探测、空间天文与技术、计算天体物理、天文光学技术、天体结构与演化、FAST 重点实验室等 8 个院重

点实验室，并与 20 余所大学、科研机构或高新技术企业建立了战略合作关系，成立联合研究中心或实验室。在河北兴隆，北京密云、怀柔，天津武青，昆明凤凰山，丽江高美谷，澄江抚仙湖，新疆南山、奇台、喀什、乌拉斯台、巴里坤，西藏阿里、羊八井，内蒙古明安图，吉林净月潭，贵州大窝凼等地建有观测台站。

国家天文台负责调试和运行国家重大科技基础设施——500 米口径球面射电望远镜（FAST），运行和维护国家大科学装置——郭守敬望远镜（大天区面积多目标光纤光谱望远镜，LAMOST），拥有 2.16 米光学望远镜、2.4 米光学望远镜、50 米射电望远镜、40 米射电望远镜、25 米射电望远镜、1 米太阳塔等一批天文观测设备。

国家天文台创办了拥有自主知识产权的国际核心英文学术期刊《Research in Astronomy and Astrophysics（天文和天体物理学研究）》（RAA），还办有中文核心期刊《天文研究与技术》和现代科普刊物《中国国家天文》。

3. 中国科学院上海天文台

地址：上海市南丹路 80 号。

中国科学院上海天文台成立于 1962 年，它的前身是法国天主教耶稣会 1872 年建立的徐家汇观象台和 1900 年建立的佘山观象台，现在是中国科学院下属的天文研究机构，包括徐家汇和佘山两部分。

上海天文台以天文地球动力学、天体物理以及行星科学为主要学科方向，同时积极发展现代天文观测技术和时频技术，努力为天文观测研究和国家战略需求提供科学和技术支持。在基础研究方面，拥有若干具有国际一流竞争力的研究团队；在应用研究方面，上海天文台在国家导航定位、深空探测等国家重大工程中发挥重要作用。

上海天文台设有天文地球动力学研究中心、天体物理研究室、射电天文科学与技术研究室、光学天文技术研究室、时间频率技术研究室 5 个研究部门。拥有甚长基线干涉测量（VLBI）观测台站（已建 25 米口径射电望远镜、65 米口径射电望远镜）、国际 VLBI 网数据处理中心、1.56 米口径光学望远镜、60 厘米口径卫星激光测距望远镜、全球定位系统等多项现代空间天文观测技术和国际一流的观测基地和资料分析研究中心，是世界上同时拥有这些技术的 7 个台站之一。上海天文台是中国 VLBI 网和中国激光测距网的负责单位。

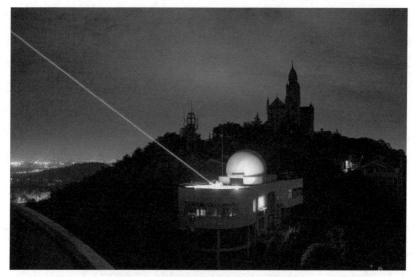

4. 中国科学院云南天文台

地址：云南省昆明市官渡区羊方旺 396 号。

1938 年，中央研究院天文研究所从南京迁到云南省昆明市东郊凤凰山（现云南天文台台址）。抗战胜利后，中央研究院天文研究所迁回南京，在凤凰山留下一个工作站，该站隶属关系几经变更，1972 年经国家计委批准，正式成立中国科学院云南天文台。2001 年，经中央机构编制委员会批准，将北京天文台、云南天文台等单位整合为国家天文台。云南天文台保留原级别，并具有法人资格。

　　云南天文台有一台两站（台本部、抚仙湖太阳观测站和丽江天文观测站），设 13 个研究团组。云南天文台现有天文观测设备 20 余台，主要有：2006 年从英国引进的 2.4 米光学望远镜一台（丽江天文观测站）；用于承担探月工程地面数据接收任务的国产 40 米射电望远镜一台（台本部）；2015 年建成的一米新真空太阳望远镜（抚仙湖太阳观测站）；20 世纪 80 年代由德国引进的 1 米光学望远镜一台，1.2 米国产地平式光学望远镜一台等。

　　出版物有《云南天文台台刊》《太阳活动月报》《参考资料》等。

5. 中国科学院国家授时中心（陕西天文台）

地址：陕西省西安市临潼区书院东路 3 号。

搭建太阳系

国家授时中心前身是陕西天文台，1966 年经国家科委批准筹建，1970 年短波授时台试播，1981 年经国务院批准正式发播标准时间和频率信号；后成立陕西天文台长波授时台（BPL），1986 年通过由国家科委组织的国家级技术鉴定后正式发播标准时间、标准频率信号。授时台位于陕西蒲城，主要有短波和长波专用无线电标准时间标准频率发播台（代号分别为 BPM 和 BPL）。

短波授时台（BPM）每天 24 小时连续不断地以 4 种频率（2.5MHz, 5MHz, 10MHz, 15MHz, 同时保证 3 种频率）交替发播标准时间、标准频率信号，覆盖半径超过 3000 千米，授时精度为毫秒（千分之一秒）量级；长波授时台（BPL）每天 24 小时连续发播载频为 100kHz 的高精度长波时频信号，地波作用距离 1000~2000 千米，天地波结合，覆盖全国陆地和近海海域，授时精度为微秒（百万分之一秒）量级。

学术出版物有《时间频率学报》和《时间频率公报》等。

6. 台湾的天文研究机构

由于台湾岛内缺少独立建造大型天文望远镜的经济和技术能力，以及当地岛屿环境所导致的温湿潮热多云的地理气候条件不适宜开展天文观测，因此除在嘉义鹿林山上建有 4 座口径仅 50 厘米的小型天文望远镜和一具 1 米口径的中型天文望远镜外，其余观测设备都是通过在外国与其他天文台或天文国际组织合作建造的方式来取得，包括位于美国夏威夷玛纳基亚山的次毫米波阵列射电望远镜和宇宙微波背景辐射阵列射电望远镜，以及位于格陵兰的 12 米射电望远镜和目前正在建造中的位于智利阿塔卡玛沙漠的大型毫米波及次毫米波阵列射电望远镜。

　　鹿林天文台位于嘉义县阿里山乡及南投县信义乡交界处，地处玉山公园之内，海拔 2862 米，位于逆温层之上，光害和尘害较小。由于纬度低，接近赤道，可以观测到较宽广的范围。尤其是自夏威夷的大天文台向西到台湾，中间没有任何观测站，因此鹿林天文台成为国际上重要的观测点之一。该天文台由台湾"中央大学"在 1999 年设立，目前由该校天文研究所管理。从 2003 年迄今，发现小行星数量近 400 颗，其中有 7 颗取得正式编号。近年台湾鹿林天文台还与中科院紫金山天文台开展合作交流，双方研究人员轮流在对方天文台从事观测研究。

　　台湾"中央大学"天文研究所是台湾最早成立的天文研究与教学单位。除"中央大学"外，台湾大学、新竹清华大学、新竹交通大学、成功大学等高校也在开展有关天文及天体物理学方面的教学及研究，但主要侧重基础理论方面。

　　在台北市士林区的台北市立天文科学教育馆是台湾唯一较大型的天文科学推广机构，除推广天文活动与观星、太阳或特殊天象外，还出版《天文年鉴》《历象表》《天文快报》《台北星空》等科普刊物；专业的刊物则有《太阳黑子年报》与《天文学报》。

7. 香港天文台（Hong Kong Observatory，HKO）

　　香港天文台是商务及经济发展局（前经济发展及劳工局）辖下的部门，也是世界气象组织成员，专责香港的气象观测、地震、授时、天文及辐射监测等工作，并向香港公众发出相关的警告。

　　香港天文台总部设于九龙弥敦道 134A 号，建于 1883 年，建筑物本身已被古物古迹办事处列为香港法定古迹，每年都举办开放日来庆祝 3 月 23 日的世界气象日。

第8课 春季大弧线和夏季大三角

🛸 一、知识导航

我们找到了北极星，就可以由此作为起点，去认识天上更多可爱的星星。星星们都是属于各个星座的，但是，你有没有发现星座的图形还是有点复杂，而且，对于欣赏星空的初学者而言，能认识几十颗著名的亮星，就已经很棒了！

很久以来，为了方便初学者，就有一些有心人给出了一些比星座更简单的，由亮星组合而成的几何图形：春季大弧线、春季大三角、夏季大三角、秋季大四方和冬季大六边形等。

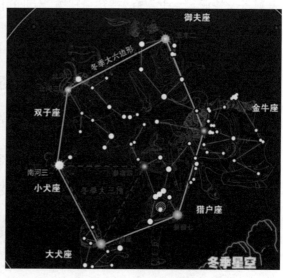

一年之计在于春，我们认识四季星空也从春天开始。哦，你先记住呀，我们给出的星星的方位和出没时间，都是以北京为准的。如果，你在南方，尤其是长江以南，只需要把我们给的星图向下延伸 10 度左右就可以了。星星出没的时间，是北京时间 20 点 30 分，你可以针对你观测的时间，同样地把星图向左或者右移动就好了。比如说夏季星空，面朝南站立，你一抬头，织女星就正好在你的头顶，这个是指北京时间 20 点 30 分。如果出来得早，才 18 点 30 分，那还是先看天顶，然后向左，向星星、太阳升起的方向转过 30 度左右，就可以了。

　　通过春季大弧线，我们可以认识北天第一亮星大角星（牧夫座α）和我国星空体系中，东方苍龙和南方朱雀的"分界星"角宿一（室女座α）。连接它们的弧线是从北斗七星斗柄上的两颗星的连线，画弧线下来的。这条弧线直接指向乌鸦座。把大角星和角宿一这两颗亮星连线，作为春季大三角（等边三角形）的一条边，就可以找到三角形另一个顶角上的星，五帝座一（狮子座β）。

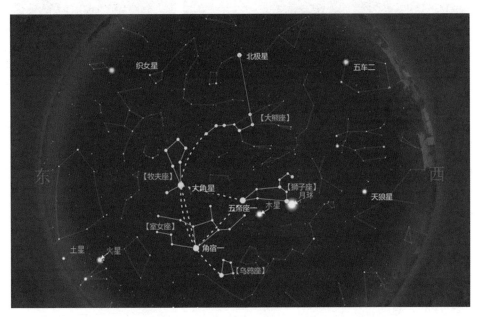

　　你们知道农历七月初七是什么日子吗？它与天上的哪些星星有关呢？

　　没错，七月初七的主角就是牛郎和织女，它们是夏季星空中耀眼的明星。夏季夜空中最亮的三颗星——天津四（天鹅座α）、织女星（天琴座α）和牛郎星（天鹰座α）构成巨大的夏季三角形。

🪐 二、天文实验室：在夏季夜空中寻找夏季大三角

在晴朗的夏夜，抬头望向天顶，你能够看到 3 颗明亮的星星在天空排列成一个巨大的三角形。大三角中，最亮的那颗星是织女星，它所在的星座是天琴座，和织女星一起组成天琴座的 4 颗小星星形成了一个平行四边形，连起来就像一把竖琴。

在织女星南边一侧的亮星则是牛郎星，它是天鹰座最亮的星星，天鹰座的形象是一只正在翱翔的鹰。而在它东北边，离它稍微近一点的亮星就是天津四，它是天鹅座最亮的星星。天鹅座是一个巨大的十字形星座，看上去像一只正在银河里翱翔的天鹅。

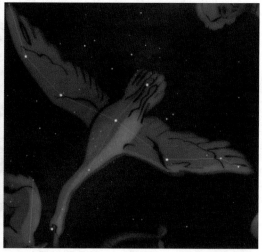

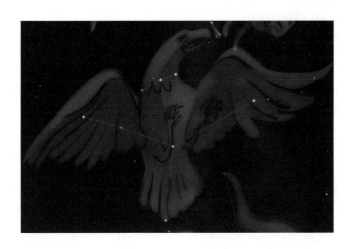

天文小游戏

找一找，画出你找到的夏季大三角！

三、词汇和概念

春季大弧线　夏季大三角

四、天文小贴士：乌鸦座的神话故事

乌鸦，小朋友们都认识吧，全身乌黑，叫声呱呱的，很是难听，对吧。可你知道吗，传说乌鸦原本是很漂亮的，五彩的羽毛，叫起来声音也相当清脆，婉转动人。传说乌鸦以前在天上的官职，是天后赫拉的贴身侍女，能很丑、很没本领吗？

有一天，天后赫拉对乌鸦说：我口渴了，你去银河里取些水来。乌鸦带着水瓶就去取水了，去的路上很顺利，到了银河边上，也很方便地就取到了水，回去的路上乌鸦一边走、一边唱着歌欣赏周边的美景。突然，路边的一棵无花果树吸引了它，乌鸦早就听说无花果很好吃，看这棵无花果树已经结果，就要成熟了，就决定在树边等一等，尝尝美食。

这当然也就耽误时间啦。回去晚了，天后很不高兴："你跑到哪里去了，不知道我已经口渴了吗？"乌鸦有些害怕了，就撒谎说："我回来的路上遇到一条蛇拦路，我是打败了它才赶回来的！"天后说："你没有为我打来水解渴，还撒谎！你不是愿意和蛇打架吗，今后就惩罚你：永远和蛇在一起打架。"所以，你抬头看天，乌鸦座和长蛇座就一直纠缠在春季的银河边上。"因为撒谎，就惩罚你今后不会讲话，只能呱～呱～地叫；还有，我再也不想看到你，也不许别人看到你。"天后就把乌鸦变成了全身乌漆。

小读者们，天上的每个星座都有它们美丽的故事，自己去搜集一些，对你认识星座，熟悉星空是很有帮助的！

第 9 课 秋季大四方和冬季六边形

🛸 一、知识导航

我们认星，学习天文学，当然也要考虑为我们的日常生活服务。认识了北极星，我们可以识别方向，但是，在前面介绍的寻找北极星的方法中，北斗七星是必不可少的。我们国家幅员辽阔，到了秋冬季，长江以南的区域就很难看到、看全北斗七星了。那我们怎么去寻找北极星呢？可以通过仙后座的 W 图形，也可以通过"秋季大四方"那个标准的天然定位仪。

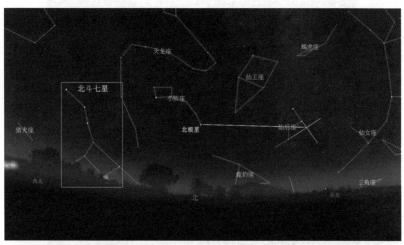

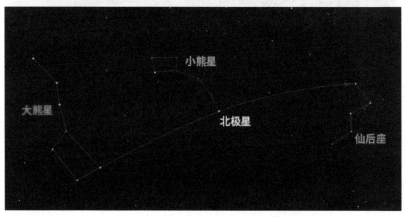

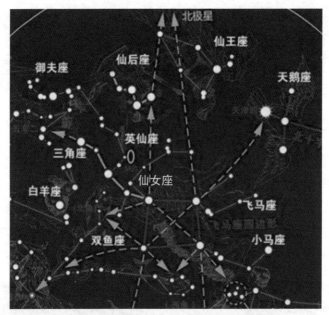

秋季大四方由飞马座的 3 颗亮星，加上仙女座的 α 星组成。从图上看，纬度坐标上的两两连线，都可以找到北极星。

最灿烂的星空还是在冬季。

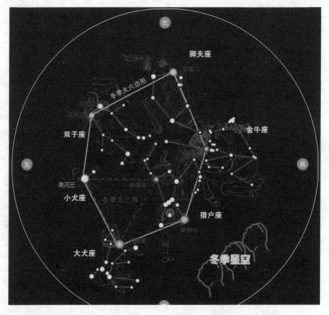

壮观的猎户座，天上最亮的天狼星，还有昴星团、毕星团，双子座、金牛座

都在冬天的星空中闪耀。

二、天文实验室：写出冬季六边形和冬季大三角的星名

1. 先在课本里熟悉冬季星空，写下冬季星空中的主要星座：

　　＿＿＿＿＿、　＿＿＿＿＿、　＿＿＿＿＿、　＿＿＿＿＿、　＿＿＿＿＿。

2. 去天象厅，请老师操作，辨认出冬季星空的主要星座。

3. 写出冬季大六边形和冬季大三角的星名。

4. 去野外观星，找到冬季大六边形和冬季大三角。

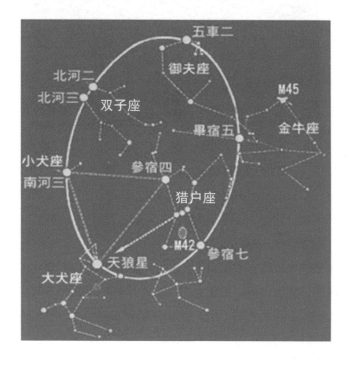

三、词汇和概念

辨识方位　坐标定位

四、天文小贴士：天上的战场

　　春季星空是我国天空"分野"的"西北战场"。自战国以后，中原和边界上的"少数民族"就经常发生战争，这自然也就会在"天象地映"的"天文"中有所反映。

分野中和外族发生战争的场所，主要是在三个方向：西北战场的"西羌"、南方战场的"南蛮"和北方战场的"匈奴"。

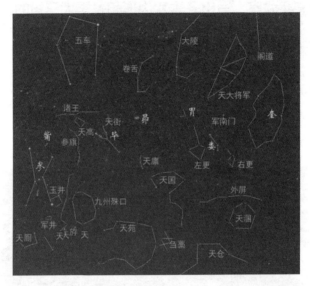

西北战场处于 28 宿中的西方参、觜、毕、昴、胃、娄、奎中，其中毕代表中原，昴代表胡人，毕宿、昴宿也是主要的战场。他们之间的"天街"两星是分界线，属毕宿，即天街一和天街二，之所以把这么暗的星星也作为星官，一是它们作为西北战场的分界线；二是黄道刚好在两星的连线之间通过，也就是说，日月七曜从这里开始"逛天街（走上黄道）"。

我们先看到的是战场上军旗高悬，那是"参旗九星"。九星中的参旗三到九，在猎户座中是猎户座 π1~π6，它们组成了猎户手中的那张弓。其中最亮的是 π3（参旗六，3.15 等）。天大将军（星）坐镇指挥，他是天将十一星之首，也是仙女座 γ 星（天大将军一），其他 10 颗星都不是很亮，但它们在天上构成了一个"网状"，似乎是随时等待命令捕捉敌人。出兵走的"军南门"是仙女座 φ（军南门），士兵沿"阁道"进发，阁道星共 6 颗，最亮的是阁道三。战车是古时战场上的主力军，似乎是巧合，五车五星都在西方星座的"御夫座"里，不都是"车"吗？中国的"车"配一个洋人的"牧夫"。

五车五星中最亮的是御夫座 α（五车二，0.08 等）。兵马未动粮草先行。在大将军边上有天厩用来养军马；天廪用来储存军粮；刍蒿六星代表专门喂军马的草料；还有供大军饮水的"军井""玉井"，甚至还有"天厕"星。天廪四星在金牛座，最亮的是天廪四；刍蒿六星在鲸鱼座，其中的蒭藁增二（鲸鱼座 o）是一个很奇异的变星，星等在 2.0~10.1 变化；玉井星在猎户座，其中最亮的是玉井四；天厕四星对应的是天兔座，最亮的是天兔座 α（天厕一，2.58 等）。

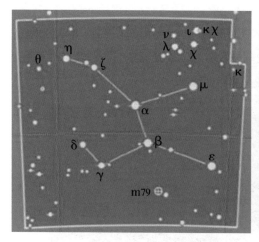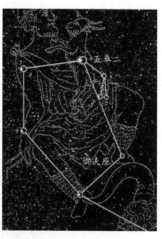

天厕星和天兔座（左）

南方战场主要是为了对付"南蛮"的，位置在角、亢、氐三宿之南。战场总指挥是骑阵将军（豺狼 θ1），下属有骑官二十七，主要有十星：骑官一到骑官十；车骑三星：车骑一、二和三；从官三星：从官一、二和三；然后是阵车三星：阵车一、二和三，可谓是阵容整齐、等级森严。

它们管带着代表士兵的积卒星 12 颗，其中最亮的两颗：积卒一和二算是士兵的"头目"吧。"柱星" 10 颗应该是"岗楼、哨兵"。士兵和战车都是在"库楼（星）"里，库楼十星：库楼一到库楼十，弯曲的 6 颗是库，放战车的；围起来的 4 颗是楼，住人的。10 颗星均属于半人马座。

最热闹的还是"北方战场"。它位于北方七宿的南面，在战场的北偏西有"狗国（星）" 4 星，都较暗；还有"天垒城"星 13 颗，最亮的是天垒城十（宝瓶座 λ，4.50 等），都代表北方犬戎、匈奴等少数民族。

走进战场，最抢眼的就是壁垒阵。自西南向东北由 12 星组成，属于黄道星座中的摩羯、宝瓶、双鱼各 4 颗，其中壁垒阵四（摩羯座 δ，2.87 等）最亮。一带长壁，两边各有一个由 4 颗星组成的敌楼。它的后面住着强大的羽（御）林军。羽林军有 45 颗星，5 颗属南鱼座，最亮的是羽林军八（南鱼座 ε，5.20 等）。其他 40 颗都在宝瓶座，最亮的是羽林军二十六（宝瓶座 δ，3.17 等）。这个战场比较重要，且北方强敌一向凶蛮，所以代表皇帝的"天纲"星（南鱼座 δ），亲自坐镇指挥。边上还有直通大后方不断有兵力和给养支援的北落师门。看来在这个战场，中原是属于守势，不仅有长长的壁垒阵，还有专门为敌人设下的陷阱——6 颗八魁星，都在鲸鱼座，最亮的是八魁六（鲸鱼座 7，4.46 等）。还有锐利的兵器鈇钺（3 星都在宝瓶座、都很暗）以及雷电 6 星（都在飞马座）助阵，最亮的是雷电一（飞马座 δ，3.40 等）。惨烈的战场自然有哭星（2 颗，摩羯宝瓶各一颗）和泣星（2 颗，都在宝瓶座），还有坟墓 4 星，最亮的是坟墓一，3.67 等。这些星告诉我们，为什么北方战场是位于危（机）宿和虚（虚无、荒凉）宿之间。

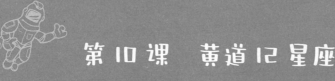

第10课 黄道12星座

一、知识导航

如果你出生在6月23日，巨蟹座，若有人说你走起路来横行霸道的，像螃蟹，你肯定不愿意听。

如果你生于6月6日，双子座，若有人说双子座的人聪明，你肯定会暗暗高兴。

朋友们，我们来做一道算术题吧。预测性格的星座，最主要的就是黄道12星座，有人说还有什么上升星座、下降星座等，那些都是可有可无、辅助性的。全世界有多少人口？为了方便计算，算66亿人。现在算一下，每个星座有多少人？

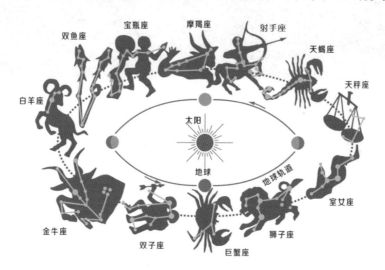

答案是5.5亿！如果组成一个国家，这就是世界上第三大国！这么多的人和你一样的性格；喜欢一样的人；喜欢做同样的工作；有一样的兴趣爱好，想想都觉得可怕。

黄道12宫是属于占星学中的提法，它和天文学中的黄道12星座不是一回事。黄道12宫是全天360度12等分，每一宫占30度；而黄道星座则是实际测量。

真正的黄道12星座的起源和效用，应该是古代人利用天象而形成的历法。就是，古人们通过观察天上哪些星星（星群）出现了，什么季节就到了，大家就知道该去做什么了。

二、天文实验室：你的星座

1. 找到一张黄道 12 星座的图片；

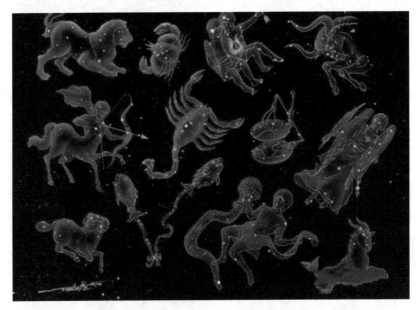

2. 按照你的生日查查属于哪个星座；
3. 尽量多地写出你的出生星座里星星的名称；
4. 就像那些星座图一样，设计、做出一幅你的星座图。

三、词汇和概念

星相学　星座

四、天文小贴士：黄道 12 宫的符号联想

从占星学说，认为黄道 12 宫象征人生，实际从它们的表示符号也可看出黄道 12 宫和人生之间只是一种简单的联想。

白羊座的符号是 ♈

象征羊的头，是一种象形的方法，取羊最明显的羊角和鼻梁部分；由白羊座的神话可以联想到一些特质，例如冲动、勇往直前。也有人指白羊座的符号是象征新生的绿芽，表现出大地的新生和万物欣欣向荣的景象。

金牛座的符号是 ♉

象征牛的头，也是以简单的线条描绘出牛的形象；由金牛座的神话可以发现，金牛座的外表温顺，但内心充满欲望。圆圆的牛脸表现出安逸和享乐，但上面的牛角则提示我们牛也有爆发的时候。

双子座的符号是 ♊

象征双胞胎，相较于前两个符号，就比较抽象一点；由双子座的神话可以知道双子座的二元性和内在的矛盾。其实双子座所代表的不只是二元性，而是多元性，一方面可以看出其广，但另一方面也暗示了可能的肤浅。

巨蟹座的符号是 ♋

象征胸，也就是说巨蟹和胸有关；由巨蟹座的神话可以想象，有一种家的感觉，同时也和忌妒有关。另有人指出，其实巨蟹座的符号是象征巨蟹的甲壳，由此也可看出，巨蟹座所具有的保护特质和隐藏的习惯。

狮子座的符号是 ♌

象征狮子的尾巴，高高扬起的尾巴，充分显示了狮子的个性；由狮子座的神话可以联想到，狮子的勇敢和善战。联想狮子的特性，很容易就可以想到高贵、同情心、王者之风等，但是别忘了，出外狩猎的是母狮子。

室女座的符号是 ♍

象征女性的生殖器，或许不容易看出，但如果你注意看右半边，就可以发现；室女座的神话中，可看出收成的意涵。联想室女的特质，也可以发现一些，如小心、谨慎、沉静和羞怯。由另一方面，室女也代表了聪颖和敏锐。

天秤座的符号是 ♎

象征一杆秤，希腊字母 Ω 代表了衡量，而下面的横线则代表了衡量的基础。在天秤座的神话中可以看出天秤座公平的特质。但由那一杆秤，可以看出天秤座追求平衡的基本念头，可是，摇摆不定的秤杆也表现出天秤座的犹豫不决。

天蝎座的符号是 ♏

象征男性的生殖器，和室女座有点像，也要由右半边去想象；由天蝎座的神话中，可以知道天蝎座忌妒的来源和天蝎座的欲望。也有人认为天蝎座的符号是象征蝎子的甲壳和毒针，表现出复仇的特质。

射手座的符号是 ♐

象征射手的箭，回到象形的简单形式；由射手座的神话可以看出射手座的智慧和爱好自由。射手的原型是拿弓箭的人马，下半身的马象征追求绝对自由，上半身的人象征知识和智慧，而手中的箭，则表现出射手的攻击性和伤人的一面。

摩羯座的符号是 ♑

象征羊的头和鱼的尾，抽象但基本上是象形的；由摩羯座的神话可以知道摩羯的担心和恐惧。摩羯座又称山羊座，这是由于其上半身的山羊形象所致，有一种向上登峰的欲求，但别忘了，在水面之下摩羯座也有象征感情的鱼尾。

宝瓶座的符号是 ♒

象征水和空气的波，是具象但又抽象的；由宝瓶座的神话可以看出宝瓶座的爱好自由和个人主义。象征宝瓶座的波，是高度知性的代表，由波的特性去思考宝瓶座的特质，看似有规律，但又没有具体的形象，是一个不可预测的星座。

双鱼座的符号是 ♓

象征两条鱼，而其中有一条丝带将它们联系在一起；由双鱼座的神话可以联想到双鱼座逃避的特质。双鱼座的两条鱼分别游向两个方向，除了表现出双鱼座的二元性之外，也象征了双鱼座内在的矛盾和复杂。

天文学家和考古学家经过考证认为黄道 12 宫符号的起源与古代的农业活动和天象观察有关：

白羊宫符号与产羔时节太阳所在的天空位置是对应起来的，提示人们：要接生小羊羔了。

金牛宫对应一年内需要这种牲畜参与耕作的时期。

双子座说是象征着两个兄弟之间的和谐，也可以是大家的和谐、团结。想想看，春耕了，牛要耕地了，牛是靠人来驾驭的，所以，这个时候需要团结，需要人，而且是很多的人。

巨蟹宫表示太阳在天空结束升高。事实上，到了夏至，太阳开始下降，可太阳是远古时代人们唯一的能量来源，人们不希望它从最高处慢慢地坠落下去，希望它可以横着走——正像一只螃蟹。

天秤宫代表昼长与夜长相等。秋天是丰收的季节，分配劳动成果要公平。

摩羯宫是太阳在天空中重新开始升高这一时间段的标志，如同一只山羊开始爬坡。宝瓶宫代表冬至的符号等。

第 11 课　恒星的一生

🪐 一、知识导航

　　婴儿呱呱坠地，然后慢慢长大，最后衰老死亡，这是人的一生。恒星是天上巨大的火球，也会有这样的过程吗？是的，恒星也会逐渐演化，经历从诞生、主序阶段，最后死亡并留下遗迹的一生。

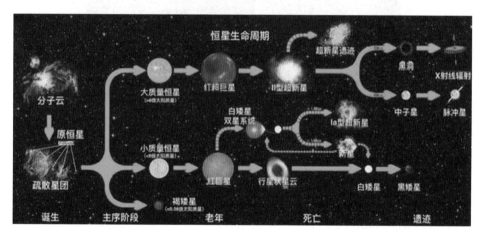

　　恒星演化的特征：①恒星一生大部分时间在主序阶段度过；②恒星的寿命与质量相关：质量越大，核反应速率越快，寿命越短；③恒星在主序阶段后期的演化形式与过程，由质量决定。

　　幼儿时期——原恒星。处于"原始状态"（慢收缩阶段）的恒星，是星云到主序星的过渡阶段。

　　青壮年时期——主序星。原恒星一直收缩，当中心温度达到临界点后发生核反应，并能稳定地进行下去，转变为主序星。主序星较稳定，炽热核心向外膨胀的热压力与引力坍缩向内的重力维持着平衡。这是恒星一生中最长且相对稳定的阶段！主序阶段的恒星形态各异，它们拥有不同的温度、亮度（光度）、质量和颜色（光谱类型），这些不同性质都是密切关联的。一般而言，质量越大的恒星温度越高，亮度越大，颜色越偏蓝，而质量较小的恒星温度较低，亮度较小，颜

色偏红。太阳这种大小居中的恒星，温度 5800 摄氏度属中等，颜色偏黄。它在主序带上停留的时间大约是 100 亿年。

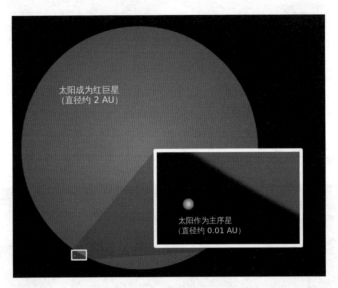

太阳成为红巨星
（直径约 2 AU）

太阳作为主序星
（直径约 0.01 AU）

　　质量大且热的恒星只能在主序带上逗留数百万年。恒星质量越小，引力就越小，内部密度和温度、压力就低，核反应的强度也就越低，燃料消耗得就慢，所以待在主序星的时间就长。这就好比一根大木头跟一炷香一样，木头虽大，但是它燃烧得很快，里里外外上上下下都在消耗；而香虽小，但是细水长流，它不会大口大口地去消耗自身的资源。

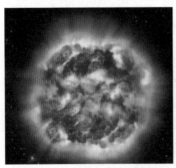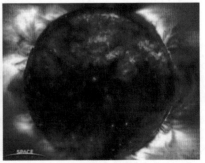

　　老年阶段——红巨星 / 红超巨星。恒星燃烧到后期所经历的一个较短的不稳定阶段，根据恒星质量的不同，历时只有数百万年不等，这与恒星几十亿年甚至上百亿年的稳定期相比是非常短暂的。红巨星时期的恒星表面温度相对很低，但极为明亮，因为它们的体积非常巨大。红巨星通常是光色发红的低温恒星，故称为红巨星，如毕宿五、大角星。红超巨星的体积异常庞大，但红超巨星的寿命更短，如参宿四、心宿二等。

死亡——行星状星云 / 超新星。行星状星云实质上是一些垂死的恒星抛出的尘埃和气体壳，直径一般在一光年左右。由质量小于太阳质量 10 倍的恒星在其演化的末期，其核心的氢燃料耗尽后，不断向外抛射的物质构成。

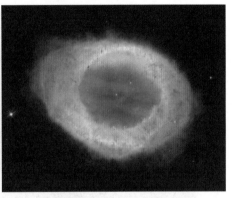

双极行星状星云 NGC6302　　　　　　天琴座环状星云 M57

某些恒星在演化接近末期时会经历一种剧烈爆炸形成超新星。这种爆炸都极其明亮，过程中所突发的电磁辐射经常能够照亮其所在的整个星系，并可能持续几周至几个月才会逐渐衰减。而在此期间，一颗超新星所释放的辐射能量可以与太阳在其一生中辐射能量的总和相当。

蟹状星云

恒星的遗迹——黑洞 / 中子星 / 白矮星。

质量小的恒星形成行星状星云，之后成为白矮星。

黑洞是宇宙中最奇特的天体之一，是空间中的一个区域，在那里被挤压成一个密度无穷大的微小点或环——"奇点"。这个区域的边界叫作"视界"，任何进入视界的物质，都无法逃脱。

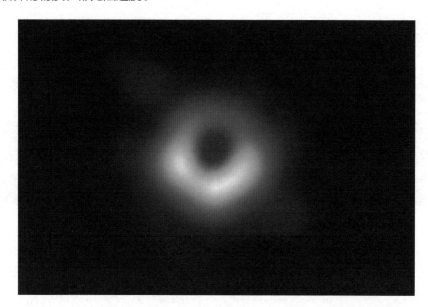

中子星称为宇宙灯塔，是除黑洞外极致密和炽热的恒星遗留物。中子星是恒星演化到末期，经由重力崩溃发生超新星爆炸之后，可能成为的少数终点之一，密度介于白矮星和黑洞之间，比地球上任何物质密度都要大许多倍。脉冲星是中子星的一种，能够周期性发射脉冲信号，直径大约为 10 千米，自转极快。绝大多数的脉冲星都是中子星，但中子星不一定是脉冲星，有脉冲才算是脉冲星。

二、天文手工坊：恒星演化盘

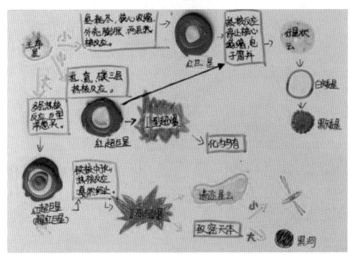

材料： 黏土（橡皮泥）、水彩笔、双面胶、硬卡纸、剪刀。

步骤：

1.认真研读恒星演化图，说说恒星演化的过程。

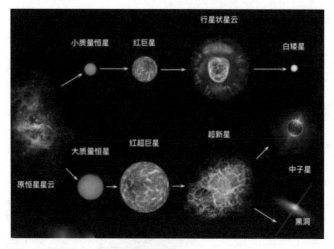

2. 用喜欢的黏土捏出恒星的每个阶段。

3. 给每个阶段命名。

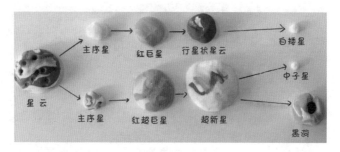

和小伙伴说说恒星的一生吧!

三、词汇和概念

恒星的演化　模型

四、天文小贴士：事件视界望远镜

2019 年 4 月 10 日 21 时，在美国华盛顿、中国上海和台北、智利圣地亚哥、比利时布鲁塞尔、丹麦灵比和日本东京同时召开了新闻发布会，以英语、汉语、西班牙语、丹麦语和日语发布"事件视界望远镜"的第一项重大成果。

在黑洞周围，光线不能逃脱的临界范围被称为黑洞的半径或"事件视界"。对这个特殊区域，人类动用口径相当于地球直径的"虚拟望远镜"，探寻黑洞留下的种种"蛛丝马迹"。

根据霍金的理论，黑洞"事件视界"并非"有去无来"的单行车道。尽管物体一旦被吸入黑洞就会永远消失，但如果经过数十亿年的时间，黑洞可能会"渗出"一些被吸入物质的蛛丝马迹。

由于黑洞非常遥远且半径很小，以往的设施都没有足够的分辨率来直接观测黑洞，而是通过观察周围恒星运动、吸积盘和喷流乃至引力波等间接方法来进行探测。

为了提高望远镜空间分辨率，来自全球多个国家 30 多个研究所的 200 多名科研人员开展了一项庞大的观测计划，他们将分布在全球不同地区的多个射电望远镜组成一个阵列进行联合观测，这就相当于获得了一个口径宛如地球大小的巨型望远镜，这就是"事件视界望远镜"项目。

"事件视界望远镜"实际上尝试观测的是黑洞的"事件视界"面。经数年精心准备，"事件视界望远镜"项目的国际科研团队通力合作，借助分布在世界多地的 8 个射电望远镜联合观测，再经过近两年的数据处理及理论分析，终于成功获得第一张黑洞照片。

专家们说，黑洞照片将帮助我们了解为何黑洞能对宇宙中的天体产生深刻影响。

第12课 星系

一、知识导航

我们的地球是一颗普通的大行星，有多普通？让我们从宇宙学的角度来认识一下吧！

学习天文学，总会有人问你一个问题——宇宙有限吗？这个问题的答案要分为两个层面去考虑，哲学家的宇宙是无限的，因为，没有人能回答有限的宇宙外面是什么！天文学家回答，宇宙当然是有限的，我们称它是"可视宇宙"，就是可以看见、可以科学描述的宇宙。

可视宇宙由"总星系"构成，宇宙学研究的最小单位，就是今天我们要学习的内容——星系。

什么是星系，让我们从地球开始说起。地球是行星，它有月球作为卫星，组成了地月系，这是天文学中最小的天体系统；地球和其他大行星一道绕着太阳转，组成了太阳系；太阳系和其他接近2000亿颗恒星一道，组成了银河系。银河系和仙女座大星云、M31、NGC185星云等50多个星云组成了本星系，其中大小麦哲伦星系是银河系的卫星星系；本星系又属于室女座超星系团；而室女座超星系团又属于拉尼亚凯亚超星系团，许多个这样的超星系团就构成了总星系。

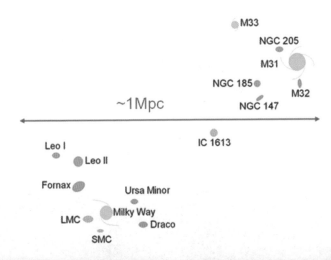

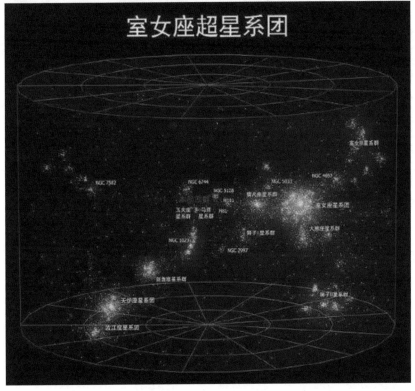

目前我们探测到的星系团超过 50 万个，探测到的星系超过 2000 亿个。星系大致有 4 个种类：旋涡星系、棒旋星系、椭圆星系和不规则星系。这是星系天文学之父——哈勃的贡献。

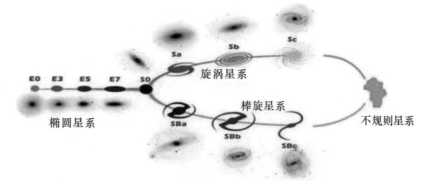

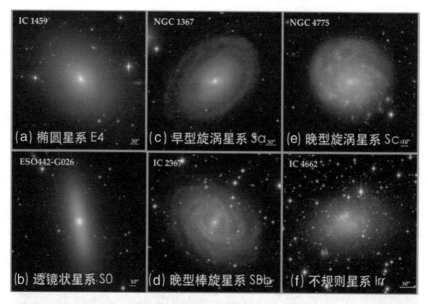

宇宙中分布最多的星系是不规则星系，其次是矮的旋涡星系和矮的椭圆星系。天文学中说"矮"不说"小"，说"巨"不说"大"。

二、天文手工坊：星系模型

材料： 大小不一的泡沫球、水彩颜料、铁丝或木条支架。

步骤：

1. 选择好要制作的星系，找到对应大小的泡沫球；

2. 根据星系的形状和颜色，为各个星系剪接、上色；

3. 星系尽量描绘成自己喜欢的样子，做出肌理来；

4. 做个托盘，支架；

5. 写一些小纸条，做好各个星系的标签；

6. 如果可以的话，再做个电视小屏幕，加上以前制作的大行星模型，你就有了自己的宇宙小频道了。

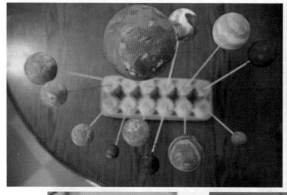

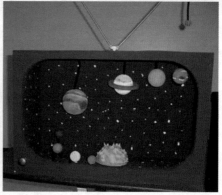

三、词汇和概念

星系　分类

四、天文小贴士：哈勃空间望远镜

哈勃空间望远镜（Hubble space telescope，HST），是人类第一座太空望远镜，总长度超过 13 米，质量为 11 吨多，运行在地球大气层外缘离地面约 600 千米的轨道上。它大约每 100 分钟环绕地球一周。哈勃望远镜是由美国国家航空航天局和欧洲航天局合作，于 1990 年发射入轨的。哈勃望远镜是以天文学家爱德文·哈勃的名字命名的。角分辨率小于 0.1 秒，每天可以获取 3~5G 字节的数据。

由于运行在外层空间，哈勃望远镜获得的图像不受大气层扰动折射的影响，并且可以获得通常被大气层吸收的红外光谱的图像。

哈勃望远镜的数据由太空望远镜研究所的天文学家和科学家分析处理。该研究所属于位于美国马里兰州巴尔的摩市的约翰霍普金斯大学。

哈勃太空望远镜的构想可追溯到 1946 年。该望远镜于 20 世纪 70 年代设计，建造及发射共耗资 20 亿美元。NASA 马歇尔空间飞行中心负责设计、开发和建造哈勃空间望远镜。NASA 高达德空间飞行中心负责科学设备和地面控制。珀金埃尔默负责制造镜片。洛克希德负责建造望远镜镜体。

该望远镜随发现号航天飞机，于 1990 年 4 月 24 日发射升空。原定于 1986 年升空，但因同年 1 月发生"挑战者"号爆炸事件，升空的日期被推后。

首批传回地球的影像令天文学家等不少人大为失望，由于珀金埃尔默制造的镜片的厚度有误，产生了严重的球差，因此影像比较模糊。

更换设备后所拍摄的清晰影像，远比更换前清楚许多。第一次维修任务名为 STS-61，于 1993 年 12 月进行，增添了不少新仪器，包括：以 COSTAR 取代高速光度计（HSP）；以 WFPC2 相机取代 WFPC 相机；更换太阳能集光板；更换两

个 RSU，包括 4 个陀螺仪。

第二次维护任务名为 STS-81，于 1997 年 2 月开始，望远镜有两个仪器和多个硬件被更换。

第三、四次维护任务，于 1999 年 12 月和 2002 年 3 月进行，后来还进行了一系列小的维护任务。

哈勃为我们发回了大量的精美图片，比如上面这个"气泡星云"。

第13课 膨胀着的宇宙

一、知识导航

当我们在一个封闭的教室里，每个同学都在作自由运动，你是不是既能找到在远离你的同学，同时又能找到在靠近你的同学？

但当我们向宇宙中的遥远星系望去时，它们看起来正在离我们远去，且没有任何星系在靠近我们，这是为什么呢？

而且，更令天文学家感到惊奇的是，其他遥远的星系彼此之间也正在相互远离！

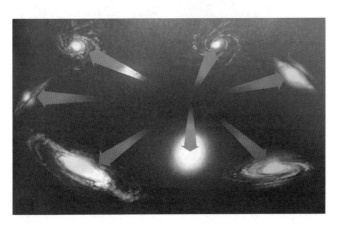

天文学家们给出解释，这可能是因为宇宙本身正在膨胀。

🪐 二、天文实验室：膨胀着的宇宙

材料：一个气球、一根长约 30 厘米的细绳、一把尺子、密封夹子或皮筋、记号笔、铅笔、实验记录册。

步骤：

1. 把气球吹得像苹果那么大，折叠或拧住气球口。用密封夹子封口，确保它不会漏气。可以多尝试几次！

2. 用记号笔在气球上任意处画一个小点，写上"银河系"，以方便辨认。这点代表我们所在的星系——银河系，在其周围，再画 9 个其他的点。最好让这些点不规则地分布，并确保它们之间都有几厘米的间隔。再把这些点从 1～9 标上数字。

3. 在实验记录册上提前画好表格，将每一次测量数据清楚地记录下来。

第几个点	第一次测量	第二次测量
1		
2		
3		
⋮		
9		

4. 借助绳子得到距离长度：将绳子的一头固定在气球上代表银河系的点上，拉长绳子到 1 号点。在此过程中要小心不要将气球压变形，轻轻地将绳子从代表银河系的点拉到 1 号点。也同样小心不要让绳子滑落，在 1 号点处捏住绳子。

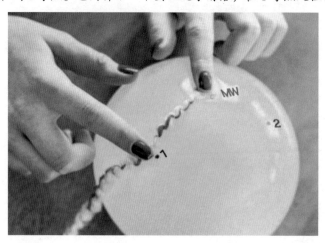

5. 测量距离：抓住绳子不要放手，将绳子贴近尺子。尽可能准确地量出这段绳子的长度，将得到的数据记录在"第一次测量"那一列。

6. 继续向气球吹气：小心地打开气球上的夹子，继续再向气球中吹 3~4 口气，让它变得更大，注意不要将气球吹爆，然后扭紧并再次将气球封口。

7. 重复测量：重复之前的测量过程，再次测量"银河系"点到其他点的距离，将得到的数据记录在"第二次测量"那一列。

观察你的数据。从两次对银河系点到其他点的距离的测量中，你发现了什么规律吗？

结论：宇宙就像你实验中的这个气球，而宇宙中的一个个星系，也犹如你标记在气球上面的小记号，彼此正在分开远离。

整个宇宙空间正在膨胀着，就像气球在慢慢鼓起来一样。

三、词汇和概念

膨胀的宇宙　距离

四、天文小贴士：哪里是宇宙的中心

宇宙到底是什么样的呢？宇宙到底有没有中心，如果有的话宇宙中心又会在哪儿？

几个世纪前，人们认为地球是宇宙的中心。直到 16 世纪哥白尼提出日心说，人们才知道，地球是绕着太阳在旋转的。到了 17 世纪，伽利略利用天文望远镜观测的证据再一次印证了哥白尼的观点。再后来，人们以为银河系就是整个宇宙。直到 1924 年，哈勃观测到了河外星系，表明银河系也不是宇宙中心，本超星系团（银河系所在的星系团）也不是。

现代宇宙学理论告诉我们：宇宙没有绝对的中心！

第14课　了不起的宇航员

一、知识导航

宇航员的称呼来自国外，我们国家从事探索宇宙的英雄们，著名科学家钱学森为他们起了个名字——航天员。

不论是"航天员"还是"宇航员"，都指经过训练能驾驶航天器或在航天飞行中从事科学研究的人。那为什么会出现不同的叫法呢？这要从冷战期间说起，美国和苏联针锋相对，在航天领域更是如此，以至于对宇航员的称呼都是不同的。

1961年，加加林乘坐"东方1号"宇宙飞船成功进入太空后，苏联率先将宇航员的英文名称定为"cosmonaut"（宇宙的），直到今天这个词依然特指俄国宇航员。

1962年8月24日发行的时代杂志。封面人物为俄国宇航员尼克诺耶夫和波波维奇。使用了"cosmonaut"一词。

美国拒绝了这个称谓，新造了个名词"astronaut"（astro在希腊语中意为"宇宙、天梯"），与 cosmonaut 并无本质区别。但两国都固守自己的名词体系，对别国航天员使用音译的译法来指代，以示区别。

而中国"航天员"的称呼来自于钱学森的定义：

航空：大气层内；

航天：大气层外到太阳系内；

宇航：太阳系外。

"航天"一词是由中国航天之父、火箭院首任院长钱学森首创，从航海、航空"推理"而来的。目前，中国还未进行宇航任务，为了更精准地描述这一活动，所以称为"航天员"。

1961 年 4 月 12 日苏联航天员加加林乘坐世界第一艘载人宇宙飞船"东方 1 号"从拜科努尔发射场升空，成为第一位进入宇宙空间的人类。"东方 1 号"的发射成功，开辟了人类航天的新纪元。

人类第一艘太空飞船在宇宙空间共飞行了 1 小时 48 分钟，飞行轨道距离地球最近处是 181 千米，最远处是 327 千米。在近地轨道飞行一圈后，飞船在加加林的操纵下，利用降落伞顺利平稳地降落在萨拉托夫州。这次航天飞行使 27 岁的空军少校加加林驰名全球。他不但荣膺了列宁勋章，还被授予了"苏联英雄"和"苏联宇航员"称号，之后，苏联还以加加林命名了街道，为他建造了纪念碑。

下面介绍我国历届载人飞行的航天员。

杨利伟，男，1965 年 6 月出生，辽宁省绥中县人。2003 年 10 月 15 日至 16 日执行"神舟五号"载人飞行任务，被授予"航天英雄"称号。

费俊龙，男，1966 年 5 月出生，江苏省昆山市人。2005 年 10 月 12 日至 16 日执行"神舟六号"载人飞行任务，被授予"英雄航天员"称号。

聂海胜，男，1964 年 9 月出生，湖北省枣阳市人。2005 年 10 月 12 日至 16 日执行"神舟六号"载人飞行任务；2013 年 6 月 11 日至 26 日执行"神舟十号"载人飞行任务，被授予"英雄航天员"称号。2021 年 6 月 17 日，航天员聂海胜、刘伯明、汤洪波先后进入天和核心舱，标志着中国人首次进入自己的空间站。

翟志刚，男，1966 年 10 月出生，黑龙江省龙江县人。2008 年 9 月 25 日至 27 日执行"神舟七号"载人飞行任务，被授予"航天英雄"称号。

刘伯明，男，1966 年 9 月出生，黑龙江省依安县人。2008 年 9 月 25 日至 27 日执行"神舟七号"载人飞行任务，被授予"英雄航天员"称号。

景海鹏，男，1966年10月出生，山西省运城市人。2008年9月25日至27日执行"神舟七号"载人飞行任务；2012年6月16日至29日执行神舟九号载人飞行任务；2016年10月17日至11月18日执行"神舟十一号"载人飞行任务；被授予"英雄航天员"称号。

刘旺，男，1969年3月出生，山西省平遥县人。2012年6月16日至29日执行"神舟九号"载人飞行任务，被授予"英雄航天员"称号。

刘洋，女，1978年10月出生，河南省林州市人。2012年6月16日至29日执行"神舟九号"载人飞行任务，被授予"英雄航天员"称号。

张晓光，男，1966年5月出生，辽宁省锦州市人。2013年6月11日至26日执行"神舟十号"载人飞行任务，被授予"英雄航天员"称号。

王亚平，女，1980年1月出生，山东省烟台市人。2013年6月11日至26日执行"神舟十号"载人飞行任务，被授予"英雄航天员"称号。

陈冬，男，1978年12月出生，河南省郑州市人。2016年10月17日至11月18日执行"神舟十一号"载人飞行任务，被授予"英雄航天员"称号。

汤洪波，男，汉族，1975年10月出生，湖南省湘潭市人。2021年6月16日，入选"神舟十二号"载人飞船飞行乘组，6月17日，顺利进驻天和核心舱。

二、天文手工坊：饮料瓶制作火箭太空船

"神舟十号"火箭太空船制作简单，外形非常吸引人，只要塑料瓶和颜料就可以完成，特别适合幼儿，让我们一起动手制作吧。

材料：饮料瓶、一支白色胶彩（丙烯）、其他颜色的胶彩、白胶浆、棉花、剪刀。

步骤:

1. 准备如下图中 1 个大的 4 个小的饮料瓶。

2. 用剪刀把小的饮料瓶剪开留下 3 个瓶口的位置,如图用胶把 3 个瓶口位置粘贴到大的饮料瓶底部,制作出底座。3 个瓶盖粘贴到瓶子的中间部分。

3. 用白色丙烯上色,顶部是用扭蛋壳制作的,也可以直接用原有的瓶盖。

4. 用红色及蓝色涂一些线及字装饰,喷射器涂黄色。

5. 最后用棉花制作出烟,看起来很有动感吧!完成后放于家中展示一下真不错呢!

三、词汇和概念

航天　火箭

四、天文小贴士：我国航天史上的动物"宇航员"

在人类的航天活动中，很多动物也扮演着重要的角色，如世界上第一只太空狗"莱卡"。

它短暂的太空旅程证明了哺乳动物能够承受火箭发射后一定的严酷环境，为未来的载人飞行铺平了道路。

此外还有美国的猴子宇航员"阿尔伯特"；法国的喵星人宇航员"菲利克斯"等。

这些动物宇航员对人类的航天事业也做出了重大贡献，对于研究外层空间对动物影响的专家来说，这些动物是最宝贵的材料，由此收集到的资料也是准备后来的载人宇宙航行所必需的。

那作为航天大国的中国，有哪些动物宇航员呢，今天咱们就一起看看吧。

中国第一批动物宇航员：8 只白鼠（4 只小白鼠、4 只大白鼠）。

1964 年 7 月 19 日，它们搭乘中国第一枚生物探空火箭"T-7A/S1"在安徽广德发射升空。其实除了这 8 只白鼠外，火箭上还载有 12 支生物试管，里面装着果蝇等生物。

送这第一批动物宇航员入太空，主要是为了研究超重失重、高空弹射、宇宙辐射对生物的影响，为以后载人航天提供重要依据。

中国第二批动物宇航员："小豹"和"珊珊"。

在完成了生物火箭第一阶段的任务以后，科学家们决定把小白鼠换成体型更大的狗狗，从备选的 30 多只小狗中，选择了 2 只合适的小狗，一只公的取名叫"小豹"，另一只母的取名叫"珊珊"。

选好了新的"宇航员"之后，就开始严酷的训练环节，其实和人类宇航员的训练也差不多，比如让小狗在离心机上适应旋转，在冰箱中适应低温，在锅炉中适应高温，等等。

经过一年多的训练和观察，小豹和珊珊都顺利地完成了任务，而且各项指标也都正常。

1966 年 7 月 15 日，小豹率先出征，科学家们先将它固定在 T-7A/S2 火箭的驾驶舱内，然后连接各种传感器。一切准备就绪，T-7A/S2 火箭成功发射，小豹被送到了 70 千米高的太空。

　　人们通过传感器获悉，小豹在升空的过程中血压不断升高，心率也在不断加快，但最终都在正常的范围内，对将来载人航天很有参考价值。最后，小豹成功落地返回，所有的身体指标都显示正常。到 7 月 28 日，又对珊珊进行了同样的试验，最后也取得了圆满的成功。

　　这次试验被认为是最有意义的一次太空生物试验，小豹和珊珊的经历被拍制成了纪录片《向宇宙进军：中国航天梦想之小狗飞天》。

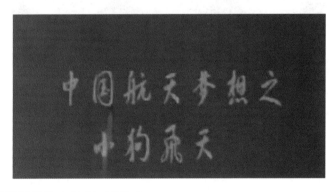

　　中国第三批动物宇航员：蚕宝宝。

　　第三批动物宇航员，正是 2016 年搭乘"神舟十一号"上天的蚕宝宝们。

　　蚕虫实验是三大实验项目之一，由香港中学生设计，旨在研究在微重力条件下昆虫的吐丝、结茧和变态。

　　6 只秋丰白玉蚕宝宝随着"神舟十一号"载人飞船度过长达 31 天的"太空之旅"，为太空研究提供了宝贵的数据。科学家的后续研究显示，太空蚕丝的强度、刚度与韧性以及断裂强力均优于地面蚕丝。

科学家表示，"太空养蚕"是为探讨在失重的太空条件下家蚕吐丝是否会发生改变的研究提供技术支撑。

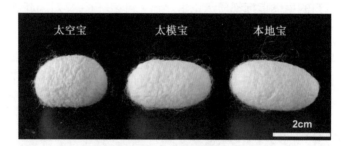

科学家表示，实验不但会促进生物科学技术本身的发展，也会给创造"太空丝绸之路"奠定基础，具有十分重要的科学及社会意义。

值得一提的是，这些蚕宝宝们回到地球后，化蛹为蛾，顺利"结婚生子"，产下蚕卵。

在人类太空探险初期，这些动物宇航员们先人类一步进入太空。它们很少被人关注，但它们的功绩已被永久载入航天史册。

附录 全天 88 星座表

序号	中文名	拉丁名	所有格	缩写	面积(1)	位置	经度范围(2)	纬度范围(3)	面积序号	星数(4)
1	仙女座	Andromeda	Andromedae	And	722	北天	2300 ~ 0240	+21 ~ +53	19	100
2	唧筒座	Antlia	Antliae	Ant	239	南天	0925 ~ 1105	−24 ~ −40	62	20
3	天燕座	Apus	Apodis	Aps	206	南天	1350 ~ 1805	−67 ~ −83	67	20
4	宝瓶座	Aquarius	Aquarii	Aqr	980	赤道	2040 ~ 0000	+3 ~ −24	10	90
5	天鹰座	Aquila	Aquilae	Aql	652	赤道	1900 ~ 2030	+10 ~ −10	22	70
6	天坛座	Ara	Arae	Ara	237	南天	1635 ~ 1810	−55 ~ −68	63	30
7	白羊座	Aries	Arietis	Ari	441	赤道	0140 ~ 0330	+10 ~ +30	39	50
8	御夫座	Auriga	Aurigae	Aur	657	北天	0440 ~ 0730	+20 ~ +55	21	90
9	牧夫座	Bootes	Bootis	Boo	907	赤道	1340 ~ 1550	+8 ~ +55	13	90
10	雕具座	Caelum	Caeli	Cae	125	南天	0420 ~ 0510	−27 ~ −49	81	10
11	鹿豹座	Camelopardalis	Camelopardalis	Cam	757	北天	0310 ~ 1430	+52 ~ +87	18	50
12	巨蟹座	Cancer	Cancri	Cnc	506	赤道	0750 ~ 0920	+7 ~ +33	31	60

续表

序号	中文名	拉丁名	所有格	缩写	面积(1)	位置	经度范围(2)	纬度范围(3)	面积序号	星数(4)
13	猎犬座	Canes Venatici	CanumVenaticorum	CVn	465	北天	1210 ~ 1410	+28 ~ +53	38	30
14	大犬座	CanisMajor	CanisMajoris	CMa	380	赤道	0610 ~ 0730	−11 ~ −33	43	80
15	小犬座	CanisMinor	CanisMinoris	CMi	183	赤道	0705 ~ 0810	0 ~ +12	71	20
16	摩羯座	Capricornus	Capricorni	Cap	414	赤道	2010 ~ 2200	−9 ~ 27	40	50
17	船底座	Carina	Carinae	Car	494	南天	0605 ~ 1120	−51 ~ −75	34	110
18	仙后座	Cassiopeia	Cassiopeiae	Cas	598	北天	2300 ~ 0300	+50 ~ +60	25	90
19	半人马座	Centaurus	Centauri	Cen	1060	南天	1105 ~ 1500	−30 ~ −65	9	150
20	仙王座	Cepheus	Cephei	Cep	588	北天	2005 ~ 0000	+53 ~ +87	27	60
21	鲸鱼座	Cetus	Ceti	Cet	1231	赤道	0000 ~ 0325	+10 ~ −25	4	100
22	蝘蜓座	Chamaeleon	Chamaeleonis	Cha	132	南天	0730 ~ 1350	+74 ~ +83	79	20
23	圆规座	Circinus	Circini	Cir	93	南天	1345 ~ 1525	−54 ~ −70	85	20
24	天鸽座	Columba	Columbae	Col	270	南天	0505 ~ 0640	−27 ~ −43	54	40
25	后发座	Coma	ComaeBerenices	Com	386	赤道	1200 ~ 1353	+14 ~ +34	42	53
26	南冕座	CoronaAustralis	CoronaeAustrilis	CrA	128	南天	1800 ~ 1920	−37 ~ −45	80	25
27	北冕座	CoronaBorealis	CoronaeBorealis	CrB	179	赤道	1515 ~ 1625	+26 ~ +40	73	20
28	乌鸦座	Corvus	Corvi	Crv	184	赤道	1155 ~ 1300	−11 ~ −25	70	15

续表

序号	中文名	拉丁名	所有格	缩写	面积(1)	位置	经度范围 （2）	纬度范围 （3）	面积序号	星数 （4）
29	巨爵座	Crater	Crateris	Crt	282	赤道	1050 ~ 1155	−6 ~ −25	53	20
30	南十字座	Crux	Crucis	Cru	68	南天	1200 ~ 1300	−56 ~ −65	88	30
31	天鹅座	Cygnus	Cygni	Cyg	804	北天	1910 ~ 2200	+28 ~ +60	16	150
32	海豚座	Delphinus	Delphini	Del	189	赤道	2010 ~ 2105	+2 ~ +21	69	30
33	剑鱼座	Dorado	Doradus	Dor	179	南天	0350 ~ 0640	−49 ~ −85	72	20
34	天龙座	Draco	Draconis	Dra	1083	北天	1000 ~ 2000	+50 ~ +80	8	80
35	小马座	Equuleus	Equulei	Equ	72	北天	2100 ~ 2130	+2 ~ +12	87	10
36	波江座	Eridanus	Eridani	Eri	1138	赤道	0120 ~ 0510	0 ~ −58	6	100
37	天炉座	Fornax	Fornacis	For	398	赤道	0145 ~ 0350	−24 ~ −40	41	35
38	双子座	Gemini	Geminorum	Gem	514	赤道	0600 ~ 0805	+10 ~ +35	30	70
39	天鹤座	Grus	Gruis	Gru	366	南天	2130 ~ 2330	−37 ~ −57	45	30
40	武仙座	Hercules	Herculis	Her	1225	赤道	1550 ~ 1900	+4 ~ +50	5	140
41	时钟座	Horologium	Horologii	Hor	249	南天	0210 ~ 0420	−40 ~ −67	58	20
42	长蛇座	Hydra	Hydrae	Hya	1303	赤道	0805 ~ 1500	−22 ~ −65	1	20
43	水蛇座	Hydrus	Hudri	Hyi	243	南天	0125 ~ 0430	−58 ~ −90	61	20
44	印第安座	Indus	Indi	Ind	294	南天	2030 ~ 2330	−45 ~ −75	49	20

搭建太阳系

序号	中文名	拉丁名	所有格	缩写	面积(1)	位置	经度范围(2)	纬度范围(3)	面积序号	星数(4)
45	蝎虎座	Lacerta	Lacertae	Lac	201	北天	2155～2255	+33～+57	68	35
46	狮子座	Leo	Leonis	Leo	947	赤道	0920～1155	-6～+33	12	70
47	小狮座	LeoMinor	LeonisMinoris	LMi	232	赤道	0915～1105	+23～+42	64	20
48	天兔座	Lepus	Leporis	Lep	290	赤道	0455～0610	-11～-27	51	40
49	天秤座	Libra	Librae	Lib	538	赤道	1420～1600	0～-30	29	50
50	豺狼座	Lupus	Lupi	Lup	334	南天	1415～1605	-30～-55	46	70
51	天猫座	Lynx	Lyncis	Lyn	545	北天	0620～0940	+34～+62	28	60
52	天琴座	Lyra	Lyrae	Lyr	286	北天	1810～1930	+26～+48	52	45
53	山案座	Mensa	Mensae	Men	153	南天	0330～0740	-70～-85	75	15
54	显微镜座	Microscopium	Microcopii	Mic	210	南天	2025～2125	-28～-45	66	20
55	麒麟座	Monoceros	Monocerotis	Mon	483	南天	0600～0810	-11～+12	35	85
56	苍蝇座	Musca	Muscae	Mus	138	南天	1120～1350	-64～-74	77	30
57	矩尺座	Norma	Normae	Nor	165	南天	1525～1635	-42～-60	74	20
58	南极座	Octans	Octantis	Oct	291	南天	0000～2400	-75～-90	50	35
59	蛇夫座	Ophiuchus	Ophiuchi	Oph	948	赤道	1600～1840	+14～-30	11	100
60	猎户座	Orion	Orionis	Ori	594	赤道	0440～0620	+8～+23	26	120

续表

序号	中文名	拉丁名	所有格	缩写	面积(1)	位置	经度范围(2)	纬度范围(3)	面积序号	星数(4)
61	孔雀座	Pavo	Pavonis	Pav	378	南天	1740～2130	−57～−75	44	45
62	飞马座	Pegasus	Pegasi	Peg	1121	赤道	2105～0015	+2～+37	7	100
63	英仙座	Perseus	Persei	Per	615	北天	0130～0450	+31～+59	24	90
64	凤凰座	Phoenix	Phoenicis	Phe	469	南天	2320～0225	−40～−59	37	40
65	绘架座	Pictor	Pictoris	Pic	247	南天	0435～0655	−43～−64	59	30
66	双鱼座	Pisces	Piscium	PCS	889	赤道	2250～0210	−5～+34	14	75
67	南鱼座	PiscisAustrinus	PiscisAustrini	PsA	245	赤道	2125～2305	−25～−36	60	25
68	船尾座	Puppis	Puppis	Pup	673	赤道	0600～0830	−12～−51	20	140
69	罗盘座	Pyxis	Pyxidis	Pyx	221	赤道	0825～0930	−17～−38	65	25
70	网罟座	Reticulum	Reticuli	Ret	114	南天	0315～0440	+53～+67	82	15
71	天箭座	Sagitta	Sagittae	Sge	80	赤道	1855～2020	+17～+22	86	20
72	射手座	Sagittarius	Sagittarii	Sgr	867	赤道	1800～2025	−12～−46	15	115
73	天蝎座	Scorpius	Scorpii	Sco	497	赤道	1545～1755	−8～−45	33	100
74	玉夫座	Sculptor	Sculptoris	Scl	475	赤道	2305～0145	−25～−59	36	30
75	盾牌座	Scutum	Scuti	Sct	109	赤道	1815～1855	−4～−16	84	20
76a	巨蛇座（头）	Serpens	Serpentis	Ser	637	赤道	1510～1620	−4～+20	23	60

续表

序号	中文名	拉丁名	所有格	缩写	面积(1)	位置	经度范围(2)	纬度范围(3)	面积序号	星数(4)
76b	巨蛇座（尾）					赤道	1715～1855	-15～+6		
77	六分仪座	Sextans	Sextantis	Sex	314	赤道	09--～1050	-11～+7	47	25
78	金牛座	Taurus	Tauri	Tau	797	赤道	0320～0600	+10～+30	17	125
79	望远镜座	Telescopium	Telescopii	Tel	252	南天	1810～2030	-46～-57	57	30
80	三角座	Triangulum	Trianguli	Tri	132	赤道	0130～0250	+26～+37	78	15
81	南三角座	TriangulumAustrale	TrianguliAustralis	TrA	110	南天	1500～1700	-60～-70	83	20
82	杜鹃座	Tucana	Tucanae	Tuc	295	南天	2210～0120	+56～+75	48	25
83	大熊座	UrsaMajor	UrsaeMajoris	UMa	1280	北天	0835～1430	+29～+73	3	125
84	小熊座	UrsaMinor	UrsaeMinoris	UMi	256	北天	0000～2400	+66～+90	56	20
85	船帆座	Vela	Velorum	Vel	500	南天	0800～1105	-40～-57	32	110
86	室女座	Virgo	Virginis	Vir	1294	赤道	1135～1510	-22～+15	2	95
87	飞鱼座	Volans	Volantis	Vol	141	南天	0630～0900	-64～-75	76	20
88	狐狸座	Vulpecula	Vulpeculae	Vul	268	赤道	1900～2130	+20～+30	55	45

注释：（1）单位为平方度；（2）经度范围：时、分；（3）纬度范围：度；（4）指亮于六等的星的数目。

参考文献

[1] 胡中卫.普通天文学 [M].南京：南京大学出版社，2003.

[2] 弗拉马里翁.大众天文学（上、下）[M].李珩，译.桂林：广西师范大学出版社，2003.

[3] 施耐德.国家地理终极观星指南 [M].齐锐，译.北京：北京联合出版公司，2017.

[4] 英国 DK 公司.DK 星座百科：初学者观星指南 [M].秦麦，译.北京：北京联合出版公司，2018.

[5] 霍斯金.剑桥插图天文学史 [M].江晓原，等译.济南：山东画报出版社，2003.

[6] 胡中卫.星空观测指南 [M].南京：南京大学出版社，2003.

[7] 中国大百科全书编辑委员会.中国大百科全书·天文学 [M].北京：中国大百科全书出版社，1980.

[8] 金.裸眼观星：零障碍天文观测指南 [M].秦麦，译.北京：北京联合出版公司，2018.

[9] 海克尔.宇宙之谜 [M].苑建华，译.上海：上海译文出版社，2002.

[10] 科尼利厄斯，德弗鲁.星空世界的语言 [M].颜可维，译.北京：中国青年出版社，2001.

[11] 尼科尔斯.给孩子的天文学实验室 [M].河马星球，译.上海：华东师范大学出版社，2018.

[12] 瓦格纳，谢里尔·拉辛 著，库尔特·多尔伯 绘.孩子应该知道的天文基础 [M].艾可，译.北京：新星出版社，2016.

[13] 陈久金.泄露天机：中西星空对话 [M].北京：群言出版社，2005.

[14] 王波波，曹振国.星星也有宿舍——星座 [M].北京：北京科学技术出版社，中国社会出版社，1998.

[15] 王波波，曹振国.不可思议的天体——黑洞 [M].北京：北京科学技术出版社，中国社会出版社，1998.

[16] 二间濑敏史.宇宙用语图鉴 [M].王宇佳，译.海口：南海出版公司，2021.

[17] 姚建明.天文知识基础 [M].2 版.北京：清华大学出版社，2013.

[18] 姚建明.科学技术概论[M].2版.北京:中国邮电大学出版社,2015.

[19] 姚建明.地球灾难故事[M].北京:清华大学出版社,2014.

[20] 姚建明.地球演变故事[M].北京:清华大学出版社,2016.

[21] 姚建明.天与人的对话[M].北京:清华大学出版社,2019.

[22] 姚建明.星座和《易经》[M].北京:清华大学出版社,2019.

[23] 姚建明.天神和人[M].北京:清华大学出版社,2019.

[24] 姚建明.星星和我[M].北京:清华大学出版社,2019.

[25] 姚建明.流星雨和许愿[M].北京:清华大学出版社,2019.

[26] 姚建明.黑洞和幸运星[M].北京:清华大学出版社,2019.

[27] 姚建明.天文知识基础[M].北京:清华大学出版社,2008.

[28].姚建明.天文知识基础[M].3版.北京:清华大学出版社,2020.

[29] 霍金.果壳中的宇宙[M].吴忠超,译.长沙:湖南科学技术出版社,2002.

[30] 柴少飞.教你看星星[M].北京:华文出版社,2009.

[31] 纽康.通俗天文学——和宇宙的一场对话[M].金克木,译.北京:当代世界出版社,2006.

[32] 野本阳代,威廉姆斯.透过哈勃看宇宙:无尽星空[M].刘剑,译.北京:电子工业出版社,2007.